面向"十二五"高职高专规划教材·计算机系列

VB 程序设计

孟德欣　谢　婷　王先花　编著

清华大学出版社

北京交通大学出版社

·北京·

内 容 简 介

本书以 Visual Basic 6.0 简体中文版为语言背景。深入浅出的介绍 Visual Basic 6.0 程序设计技术,基本涵盖了 Visual Basic 6.0 编程时的常用内容。本书共分 14 章,主要内容包括开发环境、语言基础、数组与过程、常用控件、菜单设计、文件处理、ActiveX 控件、数据库程序设计、图形程序设计、多媒体编程、网络编程、API 函数和注册表、安装程序的制作和综合实例。

为了方便读者学习,本书提供多媒体课件,以及例题和练习题的所有源代码。

本书可以作为大中专院校计算机及相关专业的教材,也适合编程爱好者自学使用。

图书在版编目(CIP)数据

VB 程序设计/孟德欣,谢婷,王先花编著. —北京:清华大学出版社;北京交通大学出版社,2009.7

(面向"十二五"高职高专规划教材·计算机系列)

ISBN 978 - 7 - 81123 - 595 - 1

Ⅰ.V…　Ⅱ.①孟…　②谢…　③王…　Ⅲ.BASIC 语言 - 程序设计 - 高等学校:技术学校 - 教材　Ⅳ.TP312

中国版本图书馆 CIP 数据核字 (2009) 第 082173 号

责任编辑:谭文芳

出版发行:清华大学出版社　　　　邮编:100084　　电话:010 - 62776969　　http://www.tup.com.cn
　　　　　北京交通大学出版社　　邮编:100044　　电话:010 - 51686414　　http://press.bjtu.edu.cn
印　刷　者:北京东光印刷厂
经　　　销:全国新华书店
开　　　本:185×260　　印张:15　　字数:381 千字
版　　　次:2009 年 7 月第 1 版　　2009 年 7 月第 1 次印刷
书　　　号:ISBN 978 - 7 - 81123 - 595 - 1/TP · 488
印　　　数:1~4 000 册　　定价:25.00 元

本书如有质量问题,请向北京交通大学出版社质监组反映。对您的意见和批评,我们表示欢迎和感谢。

投诉电话:010 - 51686043,51686008;传真:010 - 62225406;E-mail:press@bjtu.edu.cn。

前　言

　　Visual Basic 6.0 是 Microsoft 公司推出的面向对象程序设计的高级语言，它的一个很重要的特点就是可视化，采用事件驱动的模块化程序设计。与早期面向过程语言相对比，使用 Visual Basic，程序员可以将更多的时间放在设计算法上以解决实际问题，以及设计更友好的用户界面上。

　　本书讲述了 Visual Basic 6.0 程序设计的基本技术，包括 Visual Basic 6.0 的开发环境、语言基础、数组与过程、常用控件、菜单设计、文件处理、ActiveX 控件、数据库程序设计、图形程序设计、多媒体编程、网络编程、API 函数和注册表的使用、安装程序的制作等。

　　本书强调"边做边学"，融理论于实践。每章都设计了若干工作任务，在实现每一个工作任务时，都给出学习目的，背景知识、实现步骤和小结。在结构设计上按照由浅入深，循序渐进的原则；在内容上突出对实践编程能力的培养，注重理论和实践的紧密结合，并对疑难点以注意的形式加以强调。此外，每章都配有的练习题能够巩固所学理论知识，切实提高编程能力。

　　如果读者在使用本书过程中遇到问题，可以通过电子邮件与作者取得联系，我们承诺在 3 个工作日内给您提供服务。（电子邮件：myguilotus@21cn.com）

　　本书提供多媒体课件，以及例题和练习题的所有源代码，请在北京交通大学出版社网址 http：//press.bjtu.edu.cn 下载，或与本书责任编辑联系 cbstwf@jg.bjtu.edu.cn。

　　本书由宁波职业技术学院孟德欣、谢婷、王先花老师编写，全书由孟德欣统稿，在编写过程中得到了北京交通大学出版社的谭文芳老师的热心帮助，在此表示感谢。

　　由于时间紧促，加之编者水平有限，书中错误在所难免，敬请读者谅解。

编　者

2009 年 5 月

目 录

第1章 VB 6.0 开发环境

1.1 任务1 "大家好"程序

1.1.1 学习目的

1. 了解 VB 6.0 的新特性，特别是面向对象、可视化、事件驱动的特点。
2. 掌握用 VB 6.0 设计应用程序的一般步骤。
3. 了解标签、文本框、按钮和窗体的一般用法。

1.1.2 工作任务

本任务要求用 VB 6.0 设计一个小程序，该程序由一个文本框和一个命令按钮组成。单击命令按钮，在文本框中显示"大家好!"信息。

1.1.3 背景知识

1. VB 6.0 的新特点

VB 6.0 作为一种面向对象的程序设计语言，与传统的过程化程序设计语言相比，有许多新的特点，在此叙述其中最基本的三个特点。

（1）面向对象

VB 6.0 不但仍然支持标准的过程化程序设计，而且在语言上还进行了扩展，提供了面向对象程序设计的方法。对象是 VB 6.0 程序设计的核心。窗体和控件等都是对象。对象具有属性、方法和事件，属性描述对象的数据特征，方法描述对象的行为特征，事件是对象所产生的事情。事件发生时可以编写代码进行处理。

（2）可视化

用传统的过程化程序设计语言编写程序，主要工作是设计算法和编写代码，程序的各种功能和显示的结果都要由代码来实现。而用 VB 6.0 来开发应用程序，主要是设计用户界面和编写代码，其中设计用户界面最能体现"可视化"的特点。VB 6.0 中提供的"工具箱"有若干个控件，程序设计时可以使用这些控件进行界面设计。使用时只需把它们放到窗体上，而不用编写代码。

（3）事件驱动

VB 6.0 编写程序代码的思路与传统的结构化程序语言编程思路有所不同。传统的结构化程序设计必须考虑到什么时候发生什么操作，屏幕上显示什么信息，需要具体到程序运行中的每一个细节。VB 6.0 改变了程序的执行机制，采用事件驱动的方式，它没有传统意义上的主程序，程序的执行由事件来驱动不同的子程序运行。如想在屏幕上显示提示信息，则可以由按钮的单击事件来触发，执行完这一事件，应用程序就会暂停，等待用户新的操作。

2. VB 6.0 的开发环境

VB 6.0 的开发环境窗口包含以下内容。

标题栏指在窗口顶部显示窗口标题或名称的区域，其中标题后面的方括号内指出当前工程是处于设计状态、运行状态还是中断（Break）状态。

菜单栏包含了"文件"、"编辑"、"视图"、"工程"、"格式"、"调试"、"运行"、"查询"、"图表"、"工具"、"外接程序"、"窗口"和"帮助"共 13 个主菜单项，每一个主菜单项都有许多下拉子菜单命令。

工具栏包含一些常用菜单项的快捷方式按钮，位于菜单栏的下方。默认状态下是"标准"工具栏，还有"编辑"、"窗体编辑器"、"调试"等常用工具栏。另外，用户还可以自定义工具栏。单击某个工具栏按钮，即可执行该按钮所代表的动作。

提示：如果希望显示该工具栏按钮的工具提示，可以选择"工具"菜单中的"选项"子菜单，然后在"通用"选项卡中选择"显示工具提示"选项。

工具箱用来显示标准的 VB 6.0 基本控件连同已添加到工程中的任何 ActiveX 控件和可插入对象。

窗体窗口位于屏幕的中央，是用来设计程序界面的区域，可以从工具箱中把控件拖到这里布置界面。双击窗体窗口还可以打开代码窗口。

代码窗口用来编写事件代码，完成程序功能。打开代码窗口的方式有很多，可以通过工程管理器中的"查看代码"图标打开代码窗口。代码窗口包含的元素有：对象列表框，用于显示所选对象的名称；过程列表框，用于列出对象的过程或事件。

工程资源管理器位于屏幕的右上方，用于列出当前工程中的窗体、模块等文件的清单。工程是指用于创建一个应用程序的文件集合。

属性窗口位于工程资源管理器的下方，用于列出对选定窗体和控件的属性设置值。

窗体布局窗口位于属性窗口的下方，用于允许使用表示屏幕的小图像来布置应用程序中各窗体的位置，不过这样的布置并不十分精确。

对象浏览器窗口用于列出工程中有效的对象，查看对象的方法和属性。对象浏览器可按键盘上的 F2 功能键调出。该窗口如图 1－1 所示。

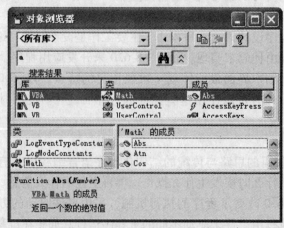

图 1－1 "对象浏览器"窗口

注意：在 VB 6.0 中，还可以使用用于调试的窗口，如本地窗口、立即窗口和监视窗口等。

本地窗口可以自动显示当前执行过程中的变量及变量值。在设计时可以选择"视图"菜单下的"本地窗口"命令打开本地窗口。

在设计时可以选择"视图"菜单下的"立即窗口"命令打开立即窗口，程序在中断模式下立即窗口会自动打开。在立即窗口中可以用来临时执行代码或显示调试信息。不过，在立即窗口中执行的代码不会自动保存下来的。

监视窗口用于监视程序代码中设定的监视内容，如表达式或变量。一旦在程序中设置了监视内容，就可以自动启动监视窗口。添加监视内容可以通过"调试"菜单下的"添加监视"命令来设置。

3. VB 6.0 的帮助系统

MSDN（Microsoft Developer Network）是 Visual Studio 6.0 的文档帮助系统。MSDN 中包含了丰富的联机帮助，包括示例代码、开发人员的知识库、Visual Studio 文档、SDK 文档、技术文章及技术规范等。

用户可以在"开始"菜单的"Microsoft Developer Network"程序组中，单击"MSDN Library Visual Studio 6.0（CHS）"，即可打开 MSDN 帮助系统。如果用户已经启动了 VB 6.0，则也可以在 VB 6.0 系统的"帮助"菜单下，单击"内容"或"索引"，打开 MSDN 帮助系统，如图 1 - 2 所示。

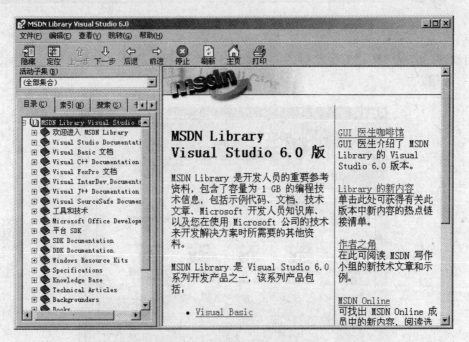

图 1 - 2　MSDN 帮助系统

MSDN 帮助系统的左边有"目录"、"索引"、"搜索"和"书签"4 个选项卡，选择它们内部的各个主题，单击"显示"按钮，就可以查阅相应的帮助信息。

MSDN 还提供了在线帮助，便于用户从互联网上获取帮助信息。可以选择从 VB 6.0 系统的"帮助"菜单中的"Web 上的 Microsoft"链接到 Microsoft 公司的主页,再导航到合适的子页面即可。

1.1.4　实现步骤

1. 启动 VB 6.0

安装 VB 6.0 系统后,在 Windows 任务栏的"开始"菜单中就会有"Microsoft Visual Basic 6.0 中文版"程序组,单击其中的"Microsoft Visual Basic 6.0 中文版"就可以启动 VB 6.0,如图 1-3 所示。

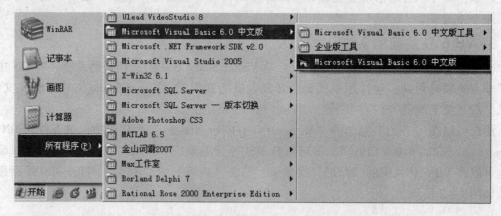

图 1-3　启动 VB 6.0 应用程序

启动后,出现"新建工程"对话框,如图 1-4 所示。选择"标准 EXE"图标,单击"打开"按钮。

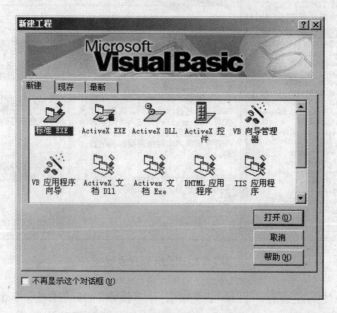

图 1-4　"新建工程"对话框

接下来出现 VB 6.0 的集成开发环境，主要由以下几部分组成：标题栏、菜单栏、工具栏、工具箱、窗体窗口、代码窗口、工程资源管理器、属性窗口、窗体布局窗口等，如图1 – 5 所示。

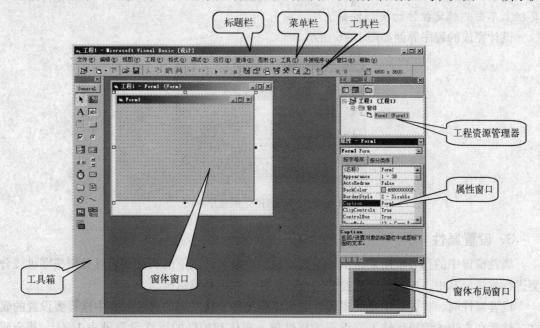

图 1 – 5　VB 6.0 的集成开发环境

2. 设计程序界面

程序界面就是用户看到并进行实际操作的界面。对于本任务，将要在窗体上绘制文本框和命令按钮两个控件，控件都放置在工具箱里。其中，在工具箱中的文本框图标是 abl，命令按钮图标是 。

绘制控件时首先从工具箱中单击选中要绘制的文本框控件，将指针移到窗体上。该指针变成十字线，将十字线放在控件的左上角所在处，然后拖动十字线画出符合需要的控件大小的方框，然后释放鼠标按钮，文本框控件就出现在窗体上。接下来以同样的方法在窗体上添加一个命令按钮。

提示：在窗体上添加控件的另一个简单方法是双击工具箱中的控件按钮，这样会在窗体中央创建一个尺寸为默认值的控件；然后再将该控件移到窗体中的其他位置。

此时，如对控件的大小不满意，可以调整控件的大小。用鼠标单击选中要调整尺寸的控件，此时选中的控件四周出现 8 个黑色的尺寸句柄，然后将鼠标指针定位到尺寸句柄上，拖动该尺寸句柄直到控件达到所希望的大小为止，然后释放鼠标按钮。

提示：也可以同时按下 Shift 键和键盘上的方向键，来调整选定控件的尺寸。当然也可以在属性对话框中设置控件的 Width 和 Height 属性。

移动控件的位置，用鼠标拖动选中的控件，移动到合适的位置松开鼠标即可。

提示：也可以在属性窗口中设置控件的 Top 和 Left 属性来移动控件。

在界面设计完成后，为了避免误操作，可以锁定当前窗体上所有控件的位置。在窗体的空白处单击鼠标右键，在弹出的快捷菜单中选择"锁定控件"。这个操作将把窗体上所有控件锁定在当前位置，以防止已处于理想位置的控件因意外操作而移动。这是一个切换命令，因此也可用来解除锁定。

提示：锁定控件也可以从"格式"菜单中选择"锁定控件"；或在"窗体编辑器"工具栏上单击"锁定控件切换"按钮。

设计完成的程序界面如图 1-6 所示。

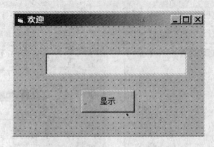

图 1-6   "大家好！"的程序界面

3. 设置属性

属性窗口中的列表框用来显示可设置属性的对象名，其下的属性列表可分别按字母或分类进行排序。其中，左边是所选控件的全部属性，右边是编辑区。

设置属性时，首先选中要设置属性的窗体或控件，从左列的属性列表中选择要设置的属性，然后在右边的编辑区输入要设置的属性值。窗体和控件的属性设置见表 1-1，其余属性选用默认值。

表 1-1   属性的设置

对 象	名 称	属 性	设 置 值
窗体	Form1	Caption	欢迎
文本框	Text1	Text	设置为空白，即清空
命令按钮	Command1	Caption	显示

4. 编写代码

VB 6.0 应用程序的代码被称作过程的代码块。控件的事件过程由控件的实际名称（Name 属性中所指定的）、下划线"_"和事件名组合而成。例如，在单击一个名为 Command1 的命令按钮时调用的事件过程，称为 Command1_Click 事件过程。

使用代码窗口，可以快速查看和编辑代码。打开代码窗口，在"对象"列表框中，选定活动窗体中的一个对象名，可以创建事件过程。

在本任务中，选定命令按钮 Command1。在"过程"列表框中，选择指定对象的事件名。此时 Click 过程已经被选定，因为它是命令按钮的默认过程。此时事件过程的模板已经自动显示在代码窗口中。然后在事件过程的代码中，添加显示"大家好"的语句。

完整的事件过程代码如下。

```
Private Sub Command1_Click( )
    Text1. Text = "大家好!"
```

End Sub

提示：如果调用 Print 语句，则在窗体、立即窗口、图片框、打印机等对象中显示文本字符串或表达式的值。其调用语法如下：

　　　　［对象名］. Print 表达式列表

其中，如果对象名省略，则默认在窗体上输出。表达式列表用逗号或分号分隔，逗号为分区格式输出，此时光标定位于下一个打印区的开始位置处，每隔 14 列为一个打印区；分号为紧凑格式输出，此时光标输出定位于上一个字符输出后面；如果没有逗号或分号，表示输出后换行。Print 对于表达式具有计算和输出的双重功能，对于表达式，先计算后输出。

5. 运行和调试

在"运行"菜单中选择"启动"选项，或单击工具栏中的"启动"按钮 ▶，或按键盘上的 F5 功能键，单击刚才在窗体上创建的命令按钮，在文本框中就会显示"大家好!"信息，如图 1-7 所示。

图 1-7　"大家好!"程序运行结果

如果程序在运行时发生错误，还需进行调试，只有在找到错误并处理后，程序才能正常运行。

6. 保存应用程序

在设计程序的过程中，随时可以选择"文件"菜单中的"保存工程"菜单项，保存当前工程。在出现的"文件另存为"对话框中，输入窗体文件的文件名并保存，如图 1-8 所示；在随后出现的"工程另存为"对话框中，输入工程文件的文件名并保存即可，如图 1-9 所示。其中，VB 6.0 的窗体文件名的后缀为". frm"，工程文件名的后缀为". vbp"。

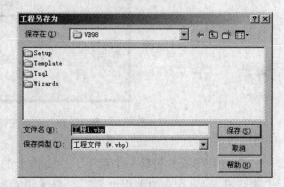

图 1-8　窗体文件的保存　　　　　　　　图 1-9　工程文件的保存

7. 生成可执行文件

在"文件"菜单中,选择"生成工程 1. exe"菜单项,在打开的"生成工程"对话框中输入文件名,则工程就将编译成可脱离 VB 6.0 开发环境的后缀为". EXE"可执行文件。生成可执行文件后,就可以直接执行了。

提示:不过对于没有安装 VB 6.0 软件的 Windows 系统,用 VB 6.0 生成的可执行文件可能会因某些动态连接库文件的缺失而不能正常使用。最好的办法是对该可执行文件打包发布。这方面的内容在本书第 13 章介绍。

1.1.5　任务 1 小结

VB 6.0 的集成开发环境包括标题栏、菜单栏、工具栏、工具箱、窗体窗口、代码窗口、工程资源管理器、属性窗口、窗体布局窗口和对象浏览器等。

VB 6.0 应用程序设计的主要步骤有:设计界面、设置属性、编写代码、运行并调试、生成可执行文件以及保存程序源文件等。

MSDN 帮助系统可以获取 VB 6.0 语法及示例等信息,还可以使用 MSDN 的在线帮助。

练习

1. 用 VB 6.0 设计一个程序,当单击窗体(Form)上的"确定"按钮时,调用 print 方法在窗体上直接显示一行文字,文字内容为"欢迎进入 VB 6.0 的编程世界!",如图 1 - 10 所示。

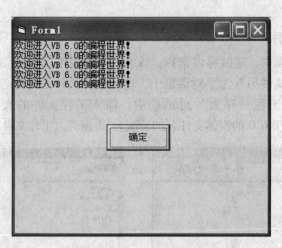

图 1 - 10　单击按钮在窗体上显示文字

2. 用 VB 6.0 设计一个程序,在窗体上的标签(Label)中显示一行文字,文字内容为"欢迎进入 VB 6.0 的编程世界!",要求设置标签的字体(Font)属性为"楷体,四号,粗体",背景色为"淡绿色",前景色为"红色",如图 1 - 11 所示。

图 1 - 11　单击按钮在标签上显示文字

3. 设计一个程序，当单击窗体时，在窗体上显示任意一幅图片，如图 1 - 12 所示。

图 1 - 12　单击窗体显示图片

第 2 章　VB 6.0 语言基础

2.1　任务 2　计算三角形面积

2.1.1　学习目的

1. 掌握 VB 6.0 的书写惯例、数据类型、常量和变量以及表达式等。
2. 掌握文本框、标签、命令按钮等基本控件的使用。

2.1.2　工作任务

计算三角形的面积。在窗体上有三个文本框，分别用来输入三角形的边长；一个命令按钮，用来在单击时计算三角形面积，并把计算结果显示在标签上。三角形的面积计算公式为：

$$Area = \sqrt{s\ (s-a)\ (s-b)\ (s-c)}$$

其中，Area 表示三角形的面积，$s = (a+b+c) / 2$，a，b，c 为三角形的边长。

2.1.3　背景知识

1. VB 6.0 的代码书写惯例

VB 6.0 代码书写建议使用代码缩进的格式，这样可以保证代码结构清晰。对于一行代码很长时，可以使用换行符将长语句分成多行，换行符用一个空格后面紧跟一个下划线来表示，即 "　_"，换行符的使用使得代码变得更加容易阅读。如下面的示例：

```
Form1. BackColor = RGB( Int( Rnd ∗ 256), _
                        Int( Rnd ∗ 256), _
                        Int( Rnd ∗ 256))
```

注意：在同一行内，换行符后面不能加注释。另外，换行符也不能用在一个变量名称的中间。

在 VB 6.0 中，通常每行代码只有一条语句，但也可以将多条语句放在同一行，用冒号 "：" 将它们分隔开即可，如：

```
a = CDbl(Text1. Text)：b = CDbl(Text2. Text)：c = CDbl( Text3. Text)
```

在 VB 6.0 代码中还可添加注释，注释符是撇号 "'"（或用 Rem）。注释可以单独成行，或添加到一行的末尾，如：

```
'下面的语句中 Sqr 函数用来计算平方根
```

Area = Sqr(s * (s − a) * (s − b) * (s − c))'计算三角形面积

设置或取消代码块的注释，可以使用"编辑"工具栏上的"设置注释块"按钮和"解除注释块"按钮，"编辑"工具栏可以从"视图"菜单中的"工具栏"子菜单中选中，或直接在窗体顶部的工具栏空白区域用鼠标右键单击选中。

"编辑"工具栏如图 2 − 1 所示。

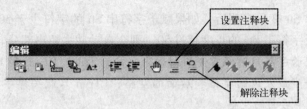

图 2 − 1　　"编辑"工具栏

2．数据类型

VB 6.0 的常用数据类型如表 2 − 1 所示。

表 2 − 1　VB 6.0 的常用数据类型

数 据 类 型	类 型 名	类型符	占用字节	表 示 范 围
整型	Integer	%	2	− 32 768 ~ 32 767
长整型	Long	&	4	− 2 147 483 648 ~ 2 146 483 647
单精度浮点型	Single	!	4	负数：− 3. 402823E38 ~ − 1. 401298E − 45 正数：1. 401298E − 45 ~ 3. 402823E38
双精度浮点型	Double	#	8	负数：− 1. 79769313486232E308 ~ − 4. 94065645841247E − 324 正数：4. 94065645841247E − 324 ~ 1. 79769313486232E308
货币型	Currency	@	8	− 9 223 372 036 854 775 808 ~ 9 223 372 036 854 775 807
字节型	Byte		1	0 ~ 255
字符串型	String	$		1 ~ 65 535 个字符
布尔型	Boolean		2	True 或 False（True 用 − 1，False 用 0 表示）
日期型	Date		8	1/1/100 ~ 12/31/9999
对象类型	Object		8	任何对象
通用类型	Variant		16	

其中，VB 6.0 支持的数值型数据类型主要有：Integer（整型）、Long（长整型）、Single（单精度浮点型）、Double（双精度浮点型）、Byte 类型等。

Integer 和 Long 只能存放整数。Single 和 Double 可以包含带有小数部分的数字。Byte 可以表示 0 ~ 255 的无符号整数，不能表示负数。Currency 是定点数据类型，适合于货币计算。

VB 6.0 用 String 类型存储字符串。字符串是由双引号（" "）引起来的字符序列。

声明变长的字符串，其声明语法格式如下：

Dim 变量名 As String

声明固定长度的字符串，其声明语法格式如下：

    Dim 变量名 As String * size

其中，size 指明字符串变量的长度，如声明一个长度为 50 个字符的字符串的语句：

    Dim Str As String * 50

在上面的字符串 Str 变量申明后，如果赋予字符串 Str 的字符少于 50 个，则不足部分用空格补齐。如果赋予字符串 Str 的长度超过 50，则会自动截去超出部分。

注意： 在处理定长字符串时经常会用到删除空格的 Trim、LTrim 和 RTrim 函数。Trim 用于可以同时去掉字符串最左边的空格和后面的空格；LTrim 只能去掉字符串最左边的空格；RTrim 只能去掉字符串后面的空格。

VB 6.0 用 Boolean 类型表示逻辑值，即用来表示"真/假"、"是/否"等信息，占用 2字节。

VB 6.0 用 Date 类型表示日期时间，占用 8 字节。可用 Date 和 Time 函数分别获取当前日期和当前时间。

VB 6.0 的 Object 类型用来表示对象，占用 8 字节。Object 类型的变量声明后，可用 Set语句去引用实际对象，以下定义了一个对象变量 objlbl 并将引用 Label1 控件对象，然后向objlbl 变量赋值，实际上向 Label1 标签的 Caption 属性赋值。

```
Dim objlbl As Object
Set objlbl = Label1
obj. Caption = "Label1 的标题"
```

VB 6.0 还有一种特殊的数据类型，即 Variant 类型，又称变体类型，占用 16 字节。也就是说任何数据类型都可以存放在声明为 Variant 类型的变量中。如果变量被声明为 Variant类型，则不必在数据类型间进行转换，VB 6.0 会自动完成任何必要的类型转换。

3. 常量

常量就是一些固定不变的值，不能对之修改，也不能赋新值。

VB 6.0 中的常量有两种类型：系统内部常量和用户自定义常量。系统内部常量如vbRed、vbCrlf 等。自定义常量则可以满足用户的不同需要。自定义常量定义时，可以指定常量的数据类型，也可以不指定。如果不指定常量的数据类型，系统会自动根据常量表达式的数值来指定常量的类型。如果用逗号分隔，则可以在一行中声明多个常量。用 Const 语句声明常量，如：

    Const Pi = 3. 14159 , MaxNum = 100

声明常量后就可以使用，例如以下的语句在计算圆面积时使用了自定义常量 Pi。

    Dim Area,r As Single 'r 为圆的半径，'Area 为圆面积
    Area = Pi * r ^ 2   '^为幂运算

提示： vbRed 是 VB 6.0 的颜色常量，表示红色，类似的还有 vbGreen、vbBlue 等；vb-Crlf 表示回车换行。

4. 变量

变量用来临时存储数据，每一个变量都有名称和数据类型，变量的名称遵循一般标识符的命名规则。用 Dim 语句声明变量，其语法如下：

Dim 变量名 [As 数据类型]

其中"As 数据类型"可选，如果省略，则被定义为 Variant 类型。

在过程内部用 Dim 语句声明的变量，只在该过程执行时有效，且无法在一个过程中访问另一个过程中的变量。故可在不同过程中使用相同的变量名而不会发生冲突。

提示：变量的命名不能与受到限制的关键字同名。受到限制的关键字是 VB 6.0 语言的一部分，包括预定义语句（如 For、Loop 等）、函数（如 Cint、Abs 等）和操作符（如 Mod、And 等）。但对于窗体和控件来说，可以以受到限制的关键字命名，但在使用的时候必须使用方括号 [] 将该窗体或控件名括起来。

声明变量通常有三种类型：过程级变量、模块级变量和全局级变量。过程级变量指只能在一个函数或过程中访问的变量。其他过程或函数不能访问此变量。其声明语法格式如下：

Dim 变量名 As 数据类型
Static 变量名 As 数据类型

其中，用 Static 关键字声明局部变量，即使过程调用结束后，下次过程调用时，该变量的值仍然保留着。

模块级变量指在模块的通用部分声明的变量，它仅限被本模块中的任何过程访问，其他模块不能访问到该变量。其声明语法格式如下：

Dim 变量名 As 数据类型
Private 变量名 As 数据类型

这里，用 Dim 或 Private 定义是一致的。

提示：在窗体、标准模块或类模块的通用部分中，如用 Dim 声明的变量，对窗体、标准模块或类模块中的所有过程有效。

全局级变量指可以在多个模块的任何过程或函数中都能使用，即在整个应用程序中有效。其声明语法格式如下：

Public 变量名 [As 数据类型]

在 VB 6.0 中使用变量前可以不声明，系统会用代码中出现的这个名称自动创建一个变量，虽然这种方法比较很方便，但是如果把变量名拼错了的话，会导致一个难以查找的错误，所以不提倡这样使用。

提示：为了避免写错变量名引起的麻烦，VB 6.0 允许强制声明。只要遇到一个未经明确声明就当成变量的名字，就发出错误警告。这可以通过在类模块、窗体模块或标准模块的声明段中加入 Option Explicit 语句来实现。

变量之间可以进行类型转换，表 2-2 列出了 VB 6.0 系统提供的一些类型转换函数。

表2-2　类型转换函数

函　　数	返回类型
Cbool	Boolean
Cbyte	Byte
Ccur	Currency
Cdate	Date
Cdbl	Double
Cdec	Decimal
Cint	Integer
CLng	Long
CSng	Single
CStr	String
Cvar	Variant

除此之外，VB 6.0 还提供了判定变量类型的函数，表2-3列出了这些函数。

表2-3　判定变量类型的函数

函　　数	说　　明
IsNumeric( )	如果是数值型变量，如整数、单精度数、双精度数，返回 True，否则返回 False
IsDate( )	如果是有效日期或时间格式，则返回 True，否则返回 False
IsArray( )	判断是否为数组
IsObject( )	如果是对象变量，返回 True
IsEmpty( )	如果变量未初始化，返回 True
IsNull( )	如果是无效数据，返回 True

5. 运算符和表达式

VB 6.0 有 4 类运算符，分别是算术运算符、字符串运算符、关系运算符和逻辑运算符。

在算术运算中，如果两个操作符具有不同的精度，则运算结果的数据类型以精度高的数据类型为准。

在字符串运算中，使用"&"连接运算符时，如果两个或一个表达式为数值型时，系统将自动将其转换为字符型数据，再进行连接。在使用"+"运算符时，有可能会出现无法确定是做加法还是做字符串连接。为避免混淆使程序代码具有可读性，建议使用"&"连接符进行连接。

在关系运算中，关系运算符对其两端的表达式进行比较，如果关系成立，则返回值为 True（-1），如果关系不成立，则返回值为 False（0）。运用关系运算符主要进行两种比较：一种是数值比较，一种是字符串比较。数值比较就是对数值大小进行比较，字符串比较就是对字符串的 ASCII 码值从左向右依次进行比较。

表2-4列出了 VB 6.0 的运算符及说明。

表 2-4　VB 6.0 的运算符及说明

类　别	运 算 符	说　明	优先级
算术运算符	^	幂运算，如"3^2"的返回值为9	由高到低 ↓
	−	负号，取负值，单目运算符	
	*、/	乘法、除法；在运算中如果两个操作数具有不同的数据类型，运算结果以精度高的数据类型为准	
	Mod、\	求余、整除，整除的运算结果为取整后的数值	
	+、−	加减法运算	
字符串运算符	+、&	字符串连接符，"+"还可以依据两端的数据类型来决定是加法运算还是字符串连接运算	
关系运算符	>、>=、<、<=、=、<>	比较运算，一种是数值比较，一种是字符串比较。字符串比较就是比较字符串的 ASCII 码值的大小，从左向右依次比较	
逻辑运算符	Not（或!）	逻辑非	
	And	逻辑与	
	Or、Xor	逻辑或、逻辑异或	
	Eqv	逻辑等价	
	Imp	逻辑蕴涵	

提示：除了关系运算符和字符串运算符之外，相同类型的运算符之间也存在运算的优先级。

VB 6.0 通过运算符将变量、常量、函数、控件及属性等组成表达式，常见的有算术表达式、字符串表达式和逻辑表达式。

6. 顺序结构

VB 6.0 中的顺序结构，跟传统结构化程序中的顺序结构保持一致，都是从左向右，自上而下的语句，顺序执行而已，它是程序设计中最简单的一种基本结构。后文将介绍选择结构和循环结构的使用。

2.1.4　实现步骤

首先，在新建工程的空白窗体上添加三个文本框、一个标签和一个命令按钮。可以使用"格式"菜单中的"统一尺寸"子菜单对三个文本框的大小进行统一，使用"对齐"子菜单将文本框在同一列上进行左对齐，使用"垂直间距"子菜单设置为相同间距。

设置窗体 Form1 的 Caption 属性为"计算三角形面积"，设置命令按钮 Command1 的 Caption 属性为"计算"，其他窗体和控件的属性设置保持默认值。

设计完成的程序界面如图 2-2 所示。

提示：在设计应用程序的界面时，将同一类别的控件对齐是非常必要的，如将文本框、标签等在同一列上进行左对齐并设置"垂直间距"为相同间距，或在同一行上进行顶端对齐并设置"水平间距"为相同间距。这样，窗体布局将会显得更加整齐美观。

首先要在代码窗口的顶部，即"通用"部分声明以下变量：

```
Dim Area As Double, s As Double, a As Double, b As Double, c As Double
```

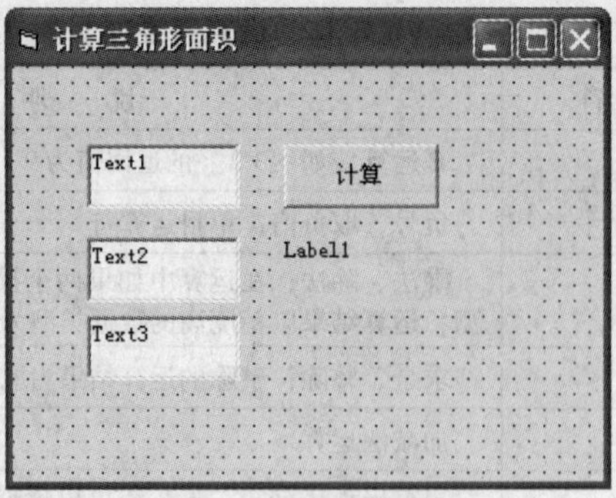

图 2 - 2　程序界面

提示： 在代码编辑窗口中，可以从顶部左边的对象列表中选择"通用"。

程序刚开始执行时，要清空用于接收三角形边长的文本框。在 VB 6.0 中，Form_ Load 事件在窗体载入时触发，添加以下代码用于清空文本框的内容。

```
Private Sub Form_Load()
    Text1. Text = ""
    Text2. Text = ""
    Text3. Text = ""
    Label1. Caption = ""        '清空,用于显示三角形面积
End Sub
```

其中，Form_ Load 事件内部的代码行采用缩进格式，用以保证代码的易读性。

当单击"计算"按钮时，获取文本框中的文本，因为文本框的 Text 属性是一字符串，所以这里用 CDbl 函数先将它转换成双精度的数值型数据，计算出 s，然后根据三角形的面积计算公式计算出三角形面积 Area。代码如下：

```
Private Sub Command1_Click()
    a = CDbl(Text1. Text)
    b = CDbl(Text2. Text)
    c = CDbl(Text3. Text)
    s = (a + b + c)/2
    Area = Sqr(s * (s - a) * (s - b) * (s - c))    '计算三角形面积
    Label1. Caption = "三角形面积:" + CStr(Area)
End Sub
```

在将三角形面积 Area 的计算结果显示在标签 Label1 时，因 Area 是数值型数据，需使用 CStr 函数转换为字符串后才能显示。

程序运行结果如图 2 - 3 所示。

提示： 本程序没有进行错误检验，如当单击"命令"按钮时，没有对文本框的输入内容进行有效性检验，因为边长只能是数值型数据，不能为空或字符型数据。另外，也没有对输入的三角形边长进行合法性检验。

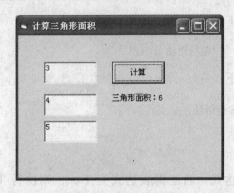

图 2-3　程序运行结果

2.1.5　任务 2 小结

VB 6.0 语言的换行符用于将长语句分成多行，用一个空格后面紧跟一个下划线来表示。

VB 6.0 的注释符是撇号 " ' "（或用 Rem）。注释可以单独成行，或添加到一行的末尾。使用"编辑"工具栏设置或取消代码块的注释。

常用的数据类型有 Integer（整型）、Long（长整型）、Single（单精度浮点型）、Double（双精度浮点型）、Byte、String、Date、Boolean、Object、Variant 类型等。不同数据类型之间可以利用转换函数进行转换。

常量就是一些固定不变的值，不能对之修改，也不能赋新值。VB 6.0 中的常量有两种类型：系统内部常量和用户自定义常量。

VB 6.0 有 4 种运算符，分别是算术运算符、字符串运算符、关系运算符和逻辑运算符。通过运算符可以建立表达式。

2.2　任务 3　用户登录验证

2.2.1　学习目的

1. 掌握 VB 6.0 中 If，Select Case 等条件语句的使用。

2. 学会编写选择结构语句代码。

2.2.2　工作任务

设计一个用户登录验证程序，在窗体上的用户名和密码文本框中分别输入用户名和密码，单击按钮判断是否合法用户。如果是合法用户，则在标签上显示"登录成功"的消息，如果是非法用户，则在标签上显示"登录失败"的消息，同时，清空用户名和密码文本框。用户名和密码预先分别设定为"admin"和"123456"。

2.2.3　背景知识

1. If…Then 语句

If…Then 结构有条件地执行一个或多条语句，有单行和多行两种语法格式。

（1）单行语法格式如下：

　　If 条件　Then 语句　　　'单行语法

（2）多行语法格式如下：

　　If 条件　Then　　'多行语法
　　　语句
　　End If

其中，条件是逻辑表达式。若逻辑表达式为 True，则执行 Then 关键字后面的所有语句。如果是数值表达式，则看其计算结果。如为 0，则为 False，而其他任何非零数值都被设置为 True。

在单行语法中，也可以执行多条语句，但要求此时 Then 后面的所有语句必须以冒号分开，如：

　　If A > 10 Then A = A + 1 : B = B + A : C = C + B

提示：If…Then 的单行语法不使用 End If 语句。

2. If…Then…Else 语句

If…Then…Else 是 If…Then 语句的一种形式，它在条件为真时，执行一段语句，在条件为假时，执行另一段语句，其语法格式如下：

　　If 条件 Then
　　　语句组 1　　　'条件为真时执行的代码
　　Else
　　　语句组 2　　　'条件为假时执行的代码
　　End If

这种语句只执行两个分支，如果有多个分支就要用到 If…Then…Else 语句的另一种形式。语法格式如下：

　　If 条件 1 Then
　　　语句组 1
　　ElseIf 条件 2 Then
　　　语句组 2
　　…
　　Else
　　　语句组 n
　　End If

VB 6.0 首先测试条件 1，如果它为 False，就测试条件 2，依次类推，直到找到一个为 True 的条件，当它找到一个为 True 的条件时，VB 6.0 就会执行相应的语句组，然后执行 End If 后面的代码，如果条件都不为 True，则 VB 6.0 将执行 Else 语句块。其中 Else 子句可选，ElseIf 子句的个数可以是一个或多个。

例如下面的代码，使用多个 ElseIf 语句，来决定不同的折扣比例。

```
If Number > 500 Then
    Cost = 0.15
ElseIf Number > 300 Then
    Cost = 0.10
ElseIf Number > 100 Then
    Cost = 0.05
Else
    Cost = 0
End if
```

3. Select Case 语句

Select Case 结构，可在多个语句组中有选择地执行其中一组，与 If…Then…Else 语句类似。但对于多重选择的情况，Select Case 语句将会使代码结构更加清晰。

Select Case 首先计算条件表达式的值，然后将该值与结构中的每个 Case 中的表达式列表值进行比较，如果相等，就执行与该 Case 相关联的语句组。

```
Select Case 条件
    Case 表达式列表 1
        语句组 1
    Case 表达式列表 2
        语句组 2
    …
    Case Else
        语句组 n
End Select
```

每一个表达式列表可以有一个或多个值，如果在一个列表中有多个值，需用逗号隔开。每一个语句组中含有 0 个或多个语句，如果不止一个 Case 与测试表达式相匹配，则只对第一个匹配的 Case 执行与之相关联的语句块，如果在表达式列表中没有一个值与测试表达式相匹配，则执行 Case Else 子句中的语句。其中 Case Else 子句可选。

提示： Select Case 结构每次都要在开始处计算条件表达式的值，而 If…Then…Else 结构为每个 ElseIf 语句计算不同的表达式，当 If 语句和每一个 ElseIf 语句计算相同的条件表达式时，可以用 Select Case 结构替换 If…Then…Else 结构。

2.2.4　实现步骤

设计本程序需要用到判断结构，程序流程图如图 2 - 4 所示。

首先，在窗体上添加两个标签，两个文本框和一个命令按钮，使用"格式"菜单中的"对齐"、"统一尺寸"、"垂直间距"子菜单布置控件。设计好的程序界面如图 2 - 5 所示。

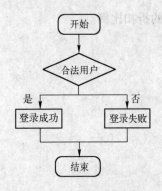

图 2-4　程序流程图　　　　　　　　图 2-5　用户登录验证

属性设置见表 2-5。

表 2-5　属性设置

对　象	名　称	属　性	设　置　值
窗体	Form1	Caption	用户登录验证
命令按钮	Command1	Caption	登录
文本框 1	Text1	Text	清空
文本框 2	Text2	Text	清空
		Passwordchar	*
标签 1	Label1	Caption	用户名
标签 2	Label2	Caption	密码
标签 3	Label3	Caption	清空
		ForeColor	&H000000FF&

在窗体代码的通用部分添加以下代码：

```
Dim Username As String '用户名
Dim Password As String '密码
```

程序刚开始执行时，要预先设置用户名和密码，在 Form_ Load 事件中添加以下代码：

```
Username = "admin"
Password = "123456"
```

当单击"登录"按钮时，使用条件语句对输入的用户名和密码进行判断，如果是合法用户名和密码，就在 Lable3 标签上显示"登录成功"的信息，反之就显示"登录失败"的信息。代码如下：

```
Private Sub Command1_Click( )
    If Trim(Text1. Text) = Username And Trim(Text2. Text) = Password Then
        Label3. Caption = "登录成功"
    Else
        Label3. Caption = "登录失败"
    End If
```

End Sub

当登录成功时，程序执行的结果如图 2-6 所示。当登录失败时，同样会显示登录失败的提示信息。

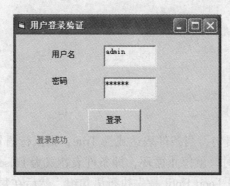

图 2-6　登录成功

提示： 本程序主要目的是为了演示 If…Then 结构，故用户名和密码只是在程序代码中设置成固定的，通常情况下，用户名和密码等登录信息应该保存在数据库中。

2.2.5　任务 3 小结

VB 6.0 选择结构有 If…Then…Else 和 Select Case 两种。If…Then 结构有条件地执行一个或多条语句，有单行和多行两种语法格式。If…Then…Else 是 If…Then 语句的一种形式，它在条件为真时，执行一段语句，在条件为假时，执行另一段语句。Select Case 结构首先计算条件表达式的值，然后将该值与结构中的每个 Case 中的表达式列表值进行比较，如果相等，就执行与该 Case 相关联的语句组。对于多重选择的情况，使用 IF 结构就会很麻烦而且不直观，而 Select Case 结构就比较方便。

2.3　任务 4　计算阶乘

2.3.1　学习目的

1. 熟练掌握 Do…Loop，For…Next 等循环语句的使用。
2. 学会编写循环结构语句代码。

2.3.2　工作任务

在窗体上的文本框中输入一个数 N，计算 N 的阶乘，并把计算结果显示在标签上。

2.3.3　背景知识

当程序中有需要重复的工作时，就需要用到循环结构。VB 6.0 的常用循环结构语句有 Do…Loop 和 For…Next 语句。

1. Do…Loop 语句

Do…Loop 语句是最常用的一种循环结构。Do…Loop 语句有四种形式：Do While …

Loop，Do Until…Loop，Do…Loop While 和 Do…Loop Until。

其中，Do While … Loop 和 Do Until…Loop 是先检查条件，语法格式如下：

```
Do While 条件表达式
       语句组
Loop


Do Until 条件表达式
       语句组
Loop
```

对于 Do While…Loop 语句，当条件表达式为 True，则执行语句；对于 Do Until…Loop 语句，当条件表达式为 True 时，就停止循环，即条件表达式为 False 时，循环体才被循环。

Do…Loop While 和 Do…Loop Until 是先执行语句组，然后在每次执行后测试条件，前者检查条件是否为 True，后者检查条件是否为 False，才会继续执行循环体语句。这两种形式都保证至少循环一次，在一定条件下可以与前面的两种语句形式相互转换。

如用 Do…Loop 语句计算 N 的阶乘，代码如下：

```
Dim N As Integer          '计算阶乘的 N 值
Dim S As Long             '计算阶乘的结果 S
S = 1 : I = 1             '将计算阶乘结果变量 S 初始化为 1,循环变量 I 初始化为 1
N = CInt( Text1. Text)    '获取 N 值
Do While I <= N           '循环结构计算阶乘
  S = S * I
  I = I + 1
Loop
Label1. Caption = S       '显示在标签上
```

Do 循环中也可以用 Exit Do 语句退出循环，如以下 Do…Loop 语句循环到第 10 次时，用 Exit Do 语句强制退出循环。

```
i = 0                     '设置变量初始值
Do While i < 20
  i = i + 1               '计数器加 1
  If i = 10 Then          '如果条件成立
    Exit Do               '退出循环
  End If
Loop
```

2. For…Next 语句

Do 循环主要适合于在不明确循环次数时的情况，在明确循环次数时，最好使用 For…Next 循环。For…Next 语句使用循环变量，每循环一次，循环变量的值就会增加或者减少，其语法格式如下：

```
For 循环变量 = 初始值 To 终止值[Step 步长]
```

　　循环语句
　　Next［循环变量］

其中，循环变量、初始值、终止值、步长都是数值型的。当初始值小于终止值时，步长为正；当初始值大于终止值时，步长为负。如果没有设置步长，则默认值为 1。

类似于 Do 循环，For…Next 循环也可以使用 Exit For 语句退出循环，如：

```
Dim I, MyNum As Integer
For I = 1 To 1000                    '循环 1000 次
    MyNum = Int(Rnd * 1000)          '生成一随机数码
    If MyNum = 7 Then Exit For       '如果是 7,退出 For…Next 循环
Next I
```

3. 循环嵌套结构

实际编程中经常需要在一个循环体的内部包含另一个循环体，这叫作循环嵌套。利用循环嵌套可以实现较为复杂的逻辑结构。下面的代码是一个两层的嵌套循环示例。

```
Private Sub Form_Click()
For I = 1 To 5
    Print "I = "; I
    For j = 1 To 5
        Print " J = "; j;
        Print "I * J = ";I * j
    Next j
    Print '输出空行
Next I
End Sub
```

输出结果如图 2 - 7 所示。

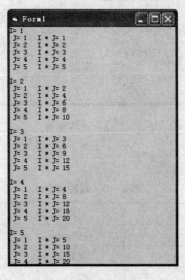

图 2 - 7　嵌套两层循环

4．With 语句

With 语句可以对某个对象执行一系列语句，而不用重复写出对象名称。例如，要改变一个对象的多个属性，可以在 With 控制结构中加上属性的赋值语句，这时只是引用对象一次而不是在每个属性赋值时都要引用它。

With 语句的语法格式如下：

```
With 对象名
    语句组
End With
```

下面的代码显示了如何使用 With 语句来给标签 Label1 的几个不同属性同时赋值。

```
With Label1
    . Height = 2000
    . Width = 2000
    . Caption = "标签标题文字"
End With
```

2.3.4   实现步骤

计算 N 的阶乘，就是将 1，2，…，N−1，N 连续乘起来，其结果就是 N 的阶乘。如 3 的阶乘就是 3! = 1 * 2 * 3 = 6。显然，这个程序的设计要用到循环结构。

设计完成的程序界面如图 2−8 所示。

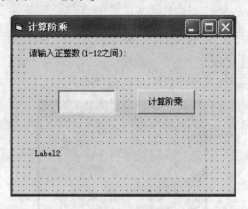

图 2−8   计算阶乘

属性设置见表 2−6。

表 2−6   属性设置

对　　象	名　　称	属　　性	设　置　值
窗体	Form1	Caption	计算阶乘
命令按钮	Command1	Caption	计算阶乘
文本框	Text1	Text	置空
标签 1	Label1	Caption	请输入正整数（1～12）

程序执行时，当单击"计算阶乘"按钮时，使用 For…Next 循环语句计算阶乘，计算结果显示在标签上。

其中，在代码窗体的通用部分定义变量如下：

```
Dim N As Integer          '计算阶乘的 N 值
Dim S As Long             '计算阶乘的结果 S
```

单击"计算阶乘"按钮，触发的事件代码如下：

```
Private Sub Command1_Click( )
    S = 1                     '将计算阶乘结果 S 变量初始化为 1
    N = CInt( Text1. Text)    '获取 N 值
    For I = 1 To N            '循环结构计算阶乘
        S = S * I
    Next I
    Label1. Caption = S       '显示在标签上
End Sub
```

提示：上面的代码中将计算阶乘结果 S 变量初始化为 1，如果忘记了给 S 变量初始化为 1，S 的默认值为 0，则其阶乘计算的结果为 0，得不到正确的结果。

如输入整数 9，程序运行结果如图 2 - 9 所示。

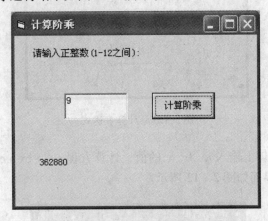

图 2 - 9　整数 9 的阶乘

如输入的整数大于 12，就会出现超出了数据范围的错误提示，如图 2 - 10 所示。这是因为存储计算阶乘结果的 S 变量为 Long 数据类型，超过其表示精度。

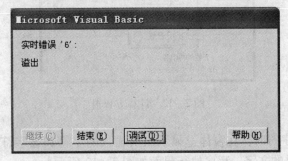

图 2 - 10　超出数据范围的错误提示

2.3.5　任务 4 小结

　　VB 6.0 的循环结构主要有 Do…Loop、For…Next 语句。Do…Loop 语句有四种基本形式。对于 For…Next 循环结构，重点是要掌握循环变量、初始值、终止值和步长的正确使用。在循环语句中可以分别使用 Exit Do、Exit For 退出循环体。在使用循环嵌套时，要注意内层循环和外层循环不能发生交叉。

　　With 语句可以对某个对象执行一系列语句，而不用重复写出对象名称。

练习

　　1. 编写代码，计算表达式 S = a * b + a/c 的值。程序执行界面如图 2 - 11 所示，如 a = 5，b = 6，c = 2 时，S 值为 32。

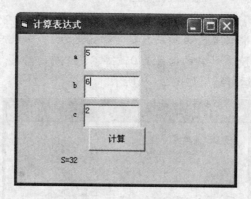

图 2 - 11　计算表达式

　　2. 编写程序，在窗体上输入 a，b，c 的值，计算方程 $ax^2 + bx + c = 0$ 的根，假设这里的 $b^2 - 4ac > 0$。程序执行界面如图 2 - 12 所示。

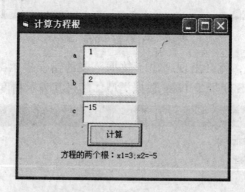

图 2 - 12　计算方程根

　　3. 从键盘上输入字符时，在窗体上显示出所输入的字符和该字符的 ASCII 码。双击窗体时，清除窗体上显示的文字。程序执行界面如图 2 - 13 所示。

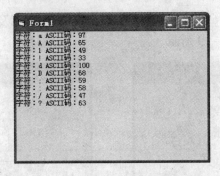

图 2 – 13　显示键盘字符和对应 ASCII 码

4. 设计一个四则运算程序，输入两个操作数及操作符（指 +、–、*、/四种运算符）时，计算出结果。程序设计界面和执行结果分别如图 2 – 14 和图 2 – 15 所示。

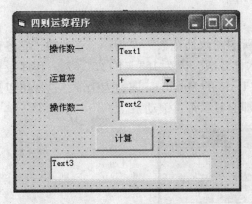

图 2 – 14　设计界面

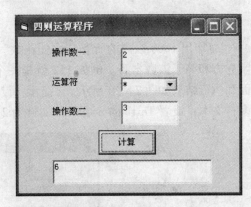

图 2 – 15　执行结果

5. 输入三角形的三条边长 a、b、c 的值，根据其数值，判断能否构成三角形。如能构成一个三角形，还要输出三角形类型：等边三角形、等腰三角形、直角三角形和一般三角形。程序设计界面和执行结果分别如图 2 – 16 和图 2 – 17 所示。

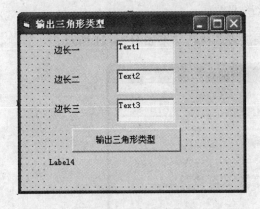

图 2 – 16　程序设计界面

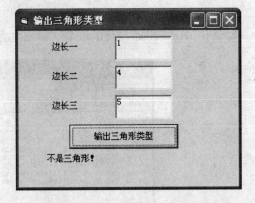

图 2 – 17　程序执行结果

6. 编写一个成绩评定程序，要求在窗体上输入百分制成绩（0 ~ 100）时，输出成绩等级 "优"，"良"，"中"，"及格"，"不及格"，90 分以上为 "优"，80 ~ 89 分为 "良"，

70 ~ 79 分为"中"，60 ~ 69 分为"及格"，60 分以下为"不及格"。程序设计界面和执行结果分别如图 2 - 18 和图 2 - 19 所示。

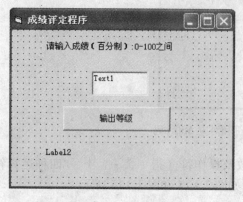 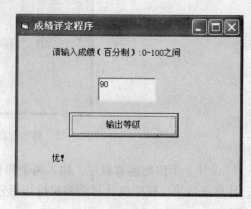

图 2 - 18　程序设计界面　　　　　　　　　　图 2 - 19　执行结果

7. 打印出 1000 以内的所有"水仙花数"。所谓"水仙花数"是指一个三位数，它各位数字立方和等于该数本身。例如 153 就是一个水仙花数，因为 $153 = 1^3 + 5^3 + 3^3$。程序设计界面和执行结果如图 2 - 20 所示。（提示：设置 Text1 的 MultiLine 属性为 True，这样可以显示多行文本；设置 Text1 的 ScollBars 属性为 2，即会显示垂直滚动条。）

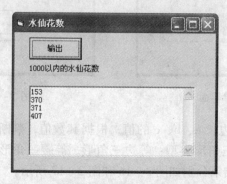

图 2 - 20　执行结果界面

8. 利用 For…Next 循环的嵌套，输出九九乘法表。执行结果如图 2 - 21 所示。

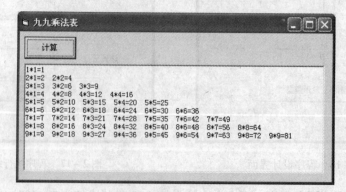

图 2 - 21　执行结果界面

9. 在窗体上打印以下由星号组成的菱形图案。其中，输出行数可以由用户指定。

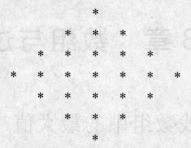

程序执行结果如图 2 – 22 所示。

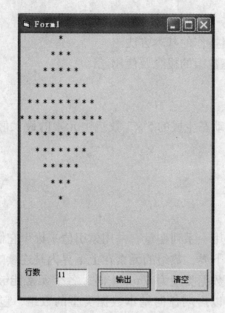

图 2 – 22 执行结果界面

第 3 章 数组与过程

3.1 任务 5 查找数组中的最大值

3.1.1 学习目的

1. 掌握声明数组和数组操作的基本方法。
2. 掌握控件数组、动态数组的概念及使用。

3.1.2 工作任务

设计一个小程序，找出动态生成的 5×5 数组中元素的最大值，即该位置上的数组元素在所在行和列上数值最大。

3.1.3 背景知识

1. 数组

数组可以用相同名字引用一系列变量，并用索引值来标识它们，使用数组可以缩短和简化程序代码。数组有上界和下界，数组的元素在上下界内是连续的，一个数组中的所有元素具有相同的数据类型，但当数据类型为 Variant 时，各个元素能够包含不同类型的数据，如对象、字符串和数值等。可以声明任何基本数据类型的数组，包括用户自定义类型和对象变量。

通常所说的数组指变量数组，不同于控件数组。控件数组是一组具有相同名称和类型的控件，它们的事件过程相同，依靠不同的索引来区分。一个控件数组至少应有一个元素，元素数目可在系统资源和内存允许的范围内增加，同一控件数组中的元素有自己的属性设置值。控件数组常用于实现菜单控件和单选钮分组等。

提示：使用控件数组的好处在于设计时，使用控件数组添加控件所消耗的资源比直接向窗体添加多个相同类型的控件消耗的资源要少，当希望若干控件共享代码时，控件数组也很有用。例如，如果创建了一个包含三个选项按钮的控件数组，则无论单击哪个按钮时都将执行相同的代码段。

2. 声明数组

在 VB 6.0 中可以声明两种类型的数组：固定大小的数组和动态数组。

（1）固定大小的数组

声明固定大小的数组，在数组名后跟一个用括号括起来的上界，如下列数组声明：

```
Dim Counters (14) As Integer        '15 个元素,下界为 0,上界 14
```

　　　　Dim Sums (20) As Double　　　　　　　'21 个元素,下界为 0,上界 20

　　第一个声明建立了一个有 15 个元素的数组,其索引号为 0 ~ 14;第二个声明建立了一个有 21 个元素的数组,其索引号为 0 ~ 20。默认的下界为 0。

　　为了明确规定下界,可以用关键字 To 确定下界。

　　　　Dim A(1 To 15) As Integer
　　　　Dim B(100 To 200) As String

　　在上述声明中, A 数组的索引范围为 1 ~ 15,而 B 数组的索引范围为 100 ~ 200。

　　(2)动态数组

　　动态数组是一个可以改变大小的数组,利用动态数组有助于管理内存,因为动态数组是在使用时才开辟内存,在不使用动态数组时,还可以将内存空间释放给系统,这样就可以最大限度地节省空间,提高运行速度。

　　创建动态数组和固定长度的数组类似,用 Dim, Private, Public, Static 来声明,但是不用指定维数,如:

　　　　Dim 数组名( ) As 数据类型

　　当使用该数组时,再用 Redim 语句分配实际的元素个数,这时要确定元素的个数,如:

　　　　ReDim 数组名(数组上界)

　　提示:ReDim 是一个可执行语句,只能出现在过程中,与 Dim 语句不同, Dim 语句是不执行的,可以放在过程体的外部。Redim 语句可以反复使用,但只能改变数组的数组和元素个数,但不能改变数组类型。

　　每次执行 ReDim 语句时,动态数组中的数值都要初始化,即当前存储在数组中的值都要丢失,如果想要保留数组值,可以用带有关键字 Preserve 的 ReDim 语句,其语法格式为:

　　　　ReDim Preserve 数组名(数组上界)

3. 多维数组

　　以下语句声明了一个 10 × 10 的二维数组。

　　　　Dim A (9, 9) As Double

　　可用显式下界来声明两个维数或两个维数中的任何一个,如:

　　　　Dim A (1 To 10, 1 To 10) As Double

　　可以将所有以上这些推广到二维以上的数组。例如下面的三维数组声明,三个维数的乘积是 4 × 10 × 15,故元素总数为 600。

　　　　Dim A (3, 1 To 10, 1 To 15) As Double

　　提示:在增加数组的维数时,数组所占的存储空间会大幅度增加,所以要慎用多维数组。使用 Variant 数组时更要小心,因为它们需要更大的存储空间。

　　使用 For 循环嵌套处理多维数组。例如,下面的语句可以按行输出 1 ~ 100 之间的正整数。

```
Private Sub Command1_Click( )
   Dim A(0 To 9, 1 To 10) As Double
   For I = 0 To 9
      For J = 1 To 10
      A(I, J) = I * 10 + J
      Next J
   Next I
   For I = 0 To 9
      For J = 1 To 10
         Print A(I, J) ;
         Next J
         Print
   Next I
End Sub
```

其执行结果如图 3 - 1 所示。

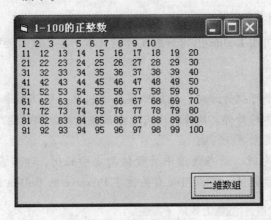

图 3 - 1 数组的应用

再如计算矩阵转置，转置指对数组的行列互换，即 A(i, j) = A(j, i)。例如，对上面的数组 A 转置后的数组 B，其执行代码如下所示：

```
Private Sub Command1_Click( )
   Dim A(0 To 9, 1 To 10) As Double '原数组
   Dim B(1 To 10, 0 To 9) As Double '转置后的数组
   For i = 0 To 9
      For j = 1 To 10
      A(i, j) = i * 10 + j '赋值
      Next j
   Next i

   For i = 0 To 9
   For j = 1 To 10
      B(j, i) = A(i, j) '转置
```

```
        Next j
    Next i

    For i = 1 To 10
      For j = 0 To 9
        Print B(i, j);  '输出
      Next j
      Print
    Next i
End Sub
```

其执行结果如图 3 - 2 所示。

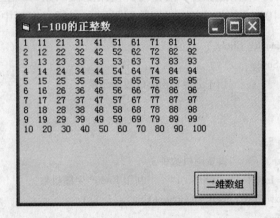

图 3 - 2   数组转置

3.1.4   实现步骤

本程序的界面设计如图 3 - 3 所示。

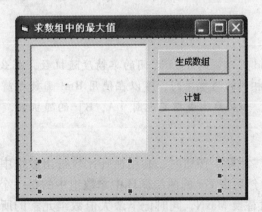

图 3 - 3   求数组中的最大值程序界面

其中，主要控件的属性设置见表 3 - 1。

表 3 - 1　属性设置

对　象	名　称	属　性	设　置　值
命令按钮 1	Command1	Caption	生成数组
命令按钮 2	Command2	Caption	计算
文本框	Text1	Text	置空
		MultiLine	True

首先，在代码窗口的通用部分声明数组：

```
Dim a(1 To 5, 1 To 5) As Integer    '声明 5 * 5 的数组 a
```

程序执行时，当单击"生成数组"按钮时，使用随机函数 Rnd 生成 5 ×5 数组，数组中的元素数值范围为 1 ~100，并按一定格式把数组显示在多行文本框中，代码如下：

```
Private Sub Command1_Click( )
Dim tempStr As String
tempStr = " "                  '用于分隔输出时的数组元素
Text1. Text = ""
For i = 1 To 5
    For j = 1 To 5
        Randomize            '设置随机数种子
        a(i, j) = Int(Rnd * 100) +1 '    利用 Rnd 产生随机数
        Text1. Text = Text1. Text + tempStr + CStr(a(i, j))
        If j = 5 Then
            tempStr = Chr(13) + Chr(10) + " "       '回车换行,并加一个空格
        Else
            tempStr = " "
        End If
    Next j
Next i
End Sub
```

提示： 随机函数 Rnd 可以得到 0 ~1 之间的单精度随机数，那么当一个程序多次调用随机函数 Rnd 时，会产生相同的随机序列，可以在使用 Rnd 函数之前先调用 Randomize 语句，以消除这种情况。另外，如果要生成指定范围 [A，B] 的随机数，则可以使用下面的格式：

```
Int(B - A) * Rnd  +1
```

数组生成后，单击"计算"按钮时，利用循环比较得出数组中的最大值。思路是事先设定一个最大值 MaxN，然后在 For 的两层循环中拿数组中的每一个元素与之比较，如果比MaxN 大，就用数组元素替换 MaxN，同时记下最大值数组元素的所在行和所在列。最终数组中的最大值存放在 MaxN 变量中，并标记出了该最大值数组元素所在行和所在列。代码如下：

```
Private Sub Command2_Click( )
```

```
Dim MaxN, m, n As Integer
MaxN = 0
For i = 1 To 5
  For j = 1 To 5
    If a(i, j) > MaxN Then
      MaxN = a(i, j)          '替换 MaxN
      m = i                   '记下所在行
      n = j                   '记下所在列
    End If
  Next j
Next i
Label1. Caption = "数组中的最大值是" + CStr(MaxN) + ",在" _
                + CStr(m) + "行" + CStr(n) + "列上"
End Sub
```

程序运行结果如图 3 - 4 所示。

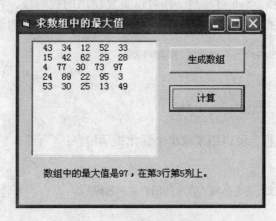

图 3 - 4　求数组中的最大值

3.1.5　任务 5 小结

　　数组可以用相同名字引用一系列变量,并用索引值来标识它们,使用数组可以缩短和简化程序代码,数组有上界和下界,数组的元素在上下界内是连续的。在 VB 6.0 中可以声明固定大小的数组和动态数组。动态数组是一个可以改变大小的数组,利用动态数组有助于管理内存。两个或多个维数的数组成为多维数组,通常使用 For 循环的嵌套来处理多维数组。控件数组是一组具有相同名称和类型的控件,它们的事件过程相同,依靠不同的索引来区分。

3.2　任务 6　排序程序

3.2.1　学习目的

　　1. 掌握过程的调用方法。

2. 理解 Sub 过程和 Function 过程的不同。

3. 掌握按值传递参数和按地址传递参数的调用方式。

3.2.2 　工作任务

设计排序程序，将输入的 10 个整数存放在文本框中，并对之进行从小到大排序，将排好序的整数显示在标签中，要求用过程实现排序。

3.2.3 　背景知识

1. 过程概述

过程就是能够完成特定任务的代码段，使用过程编程使得整个程序更易调试。在 VB 6.0 设计应用程序时，除了定义常量和变量外，主要工作就是编写过程。

在 VB 6.0 中常用下面几种过程。

（1）Sub 过程

Sub 过程又称子过程。Sub 过程是一段可以重复使用的代码块，将模块中的代码分成子过程后，在应用程序中查找和修改代码将非常方便。Sub 过程的声明语法如下：

```
［Private|Public|Static］Sub 过程名（形参列表）
    语句组
    ［Exit Sub］
End Sub
```

例如下面的 Sub 过程，可以用来输出个性化提示信息：

```
Public Sub Msg
Msgbox("登录失败,请重新输入合法的用户名和密码")
End Sub
```

过程可被访问的范围称为过程的作用域，过程的作用域与定义过程的位置和定义过程时 Sub 前的关键字有关。

提示：在窗体或模块中用 Private 定义的过程为窗体或模块级过程，只能在定义它的窗体或模块中使用。在窗体中用 Public 定义的过程，可以在其他窗体中调用，但必须在过程名前加上自定义过程所在的窗体名；在模块中用 Public 定义的过程，可以在任意窗体中使用。用 Static 定义的过程，则过程中的局部变量就是 Static 型的，即在过程每次调用时，局部变量的值保持不变。

（2）Function 过程

Function 过程又称函数过程，可以返回一个值到调用的程序代码中。Function 过程的声明语法如下：

```
［Private|Public|Static］Function 过程名（形参列表）［As 数据类型］
    语句组
    ［过程名 = 返回值］
    ［Exit Function］
```

　　　　End Function

　　其中，"As 数据类型"是 Function 返回值的数据类型，如果省略掉，则为 Variant。如在 Function 过程中省略"过程名＝返回值"，则该过程返回一个默认值：对于数值型 Function 过程，返回值为 0；对于字符串 Function 过程，返回值为空字符串。另外，即使 Function 过程无任何参数，Function 后面也必须包括空括号。

　　例如下面的 Funciton 函数过程，可以判断整数是偶数还是奇数，函数返回值是一逻辑值。

```
Private Function P( x As Integer) As Boolean
    If x Mod 2 = 0 Then
        P = True '偶数
    Else
        P = False '奇数
    End If
End Function
```

　　提示：在调用 Function 过程时，可以将 Function 过程名作为表达式的一部分。而调用 Sub 过程时，则需要独立的语句，不能出现在表达式中。

2．调用过程

　　调用 Sub 过程有两种方法：一种是使用 Call 语句，另一种是不使用 Call 语句。当使用 Call 语句时，参数必须在括号内。若省略 Call 关键字，即不使用 Call 语句，则必须省略参数两边的括号，如：

```
'以下两个语句都调用了名为 P1 的 Sub 过程,其中 a,b 为实参
Call P1 (a, b)
P1 a, b
```

　　同样，使用 Call 语句也可以调用 Function 过程，如：

```
'以下两个语句都调用了名为 Year 的内部 Function 函数过程,返回当前日期的年份
Call Year (Now)
Year Now
```

　　当用这种方法调用 Function 过程时，VB 6.0 放弃返回值。

　　对于 Function 过程出现在表达式中的调用形式如下所示：

```
Dim d As Integer
d = Year(Now)
```

3．传递参数

　　过程的参数可以声明为某种数据类型，默认为 Variant 。例如下面的 Function 过程接收三个 Single 类型的数据：

```
Function Area( a As Single, b As Single, c As Single) As Single
```

```
'接收三角形的三条边长,计算三角形面积
Dim S As Single
S = (a + b + c)/2
Area = Sqr(S * (S − a) * (S − b) * (S − c))
End Function
```

向过程传递参数有两种形式：ByVal（"按值传递"）和 ByRef（"按址传递"）。按值传递参数时，传递的只是变量的副本。如果过程改变了这个值，不会影响到变量本身的值。按址传递参数时默认的传递参数方式，是过程用变量的内存地址去访问实际变量的内容，通过过程可改变变量值。下面的示例可以区分出按值传递和按址传递的不同。

```
Private Sub Command1_Click( )
    Dim a As Integer
    Dim b As Integer
    a = 10：b = 10
    Debug. Print "a = " ; a; "b = "; b
    Test a, b
    Debug. Print "a = " ; a; "b = "; b
End Sub

Sub Test( X As Integer , ByVal Y As Integer)
    X = X + 10
    Y = Y + 10
    Debug. Print "X = " ; X; "Y = "; Y
End Sub
```

输出结果如下：

```
a = 10 b = 10
X = 20 Y = 20
a = 20 b = 10
```

可见，由于实参 a 是按址传递的，调用 Test 过程后 a 值已经改变；而实参 b 由于按值传递，调用结束后仍保持原值不变，在 Test 过程内部的运算只改变了形参 Y 的值，没有影响到对应的实参值。

3.2.4 实现步骤

本任务使用冒泡法排序。常用的排序算法有很多：冒泡法、选择法和快速排序法等，本例采用冒泡法。冒泡法就是在每轮排序时，将相邻的数进行比较，当次序不对时，就交换位置，将较小的数放在前边。

将程序分隔成较小的逻辑部件就可以简化程序设计任务，这些部件称为过程。本程序的冒泡法排序算法将被设计成单独的 Sub 过程，方便程序多次调用。

程序界面设计如图 3 − 5 所示。

图 3－5　程序界面

属性设置见表 3－2。

表 3－2　属性设置

对　象	名　称	属　性	设　置　值
窗体	Form1	Caption	排序程序
命令按钮 1	Command1	Caption	生成待排序数
命令按钮 2	Command2	Caption	排序
标签 1	Label1	Caption	置空
标签 2	Label2	Caption	置空

首先，本程序要在通用部分定义如下数组：

```
Dim a(1 To 10) As Integer        '存放待排序的 10 个数
```

程序执行时，当单击"生成待排序数"按钮时，使用随机函数 Rnd 生成 100 以内的随机数 10 个，并把这些数显示在 Lable1 上。代码如下：

```
Private Sub Command1_Click( )
    Label1. Caption = " "
    For i = 1 To 10
    Randomize
    a(i) = Int( Rnd ＊ 100) + 1
    Label1. Caption = Label1. Caption ＋ " " ＋ CStr(a(i))        '空格分隔
    Next i
End Sub
```

待排序数生成后，此时单击"排序"按钮，调用了自定义函数 sort，代码如下：

```
Private Sub Command2_Click( )
    Label2. Caption = " "
    sort a( )                '调用自定义函数 sort
    For i = 1 To 10
    Label2. Caption = Label2. Caption ＋ " " ＋ CStr(a(i))
```

```
        Next i
    End Sub
```

其中，sort 函数使用冒泡法进行排序，代码中的 UBound 函数用于获取数组上界。

```
    Private Sub sort(aa( ) As Integer)
    Dim i, j, temp, n As Integer
    n = UBound(aa( ))                    '求出数组的上界
    For i = 1 To n
        For j = 1 To n - i
            If aa(j) > aa(j+1) Then      '交换,小数在前,大数在后
                temp = aa(j)
                aa(j) = aa(j+1)
                aa(j+1) = temp
            End If
        Next j
    Next i
    End Sub
```

程序运行结果如图 3 - 6 所示。

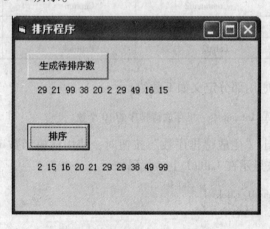

图 3 - 6　排序程序的运行结果

3.2.5　任务 6 小结

在 VB 6.0 中的过程有 Sub 过程和 Function 过程。调用过程有两种方法：一种是使用 Call 语句，另一种是不使用 Call 语句。当使用 Call 语法时，参数必须在括号内。若省略 Call 关键字，则必须省略参数两边的括号。向过程传递参数有 ByVal（"按值传递"）和 ByRef（"按址传递"）两种方式，默认是按址传递。

练习

1. 利用数组编写计算出斐波那契数列的前 40 个数的程序。这个数列有以下特点：第 1、第 2 两个数都是 1，从第 3 个数开始，每个数是其前面两个数之和。即

$F_1 = 1$　　　　　　　　$(n = 1)$

$F_2 = 1$　　　　　　　　$(n = 2)$

$F_n = F_{n-1} + F_{n-2}$　　　$(n \geqslant 3)$

程序执行结果如图 3-7 所示。

图 3-7　斐波那契数列

2. 打印如下的杨辉三角形（要求行数可以指定）：

$$\begin{array}{cccccc}
1 & & & & & \\
1 & 1 & & & & \\
1 & 2 & 1 & & & \\
1 & 3 & 3 & 1 & & \\
1 & 4 & 6 & 4 & 1 & \\
1 & 5 & 10 & 10 & 5 & 1 \\
\end{array}$$

....

程序执行结果如图 3-8 所示。

图 3-8　杨辉三角形

3. 有两个 3×3 矩阵，如下所示。

$$\begin{bmatrix} 4 & 9 & 1 \\ 3 & 2 & 5 \\ 7 & 6 & 8 \end{bmatrix} \text{和} \begin{bmatrix} 5 & 6 & 2 \\ 4 & 1 & 9 \\ 8 & 7 & 3 \end{bmatrix}$$

要求编写程序实现这两个矩阵的相加，即矩阵对应位置上的元素相加。程序执行结果如图 3 - 9 所示。

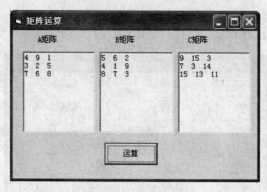

图 3 - 9　矩阵运算

4. 编写一过程，用"冒泡法"对随机生成的 10 个数从大到小进行排列。

5. 编写一过程，用于判断输入的正整数参数是否素数，如果是素数，则输出该数，如果不是素数，则输出提示信息"不是素数"。

6. 编写一过程，计算出斐波那契数列的第 N 项并输出结果。

第4章 VB6.0常用控件

4.1 任务7 设置字体

4.1.1 学习目的

1. 掌握选择框的属性、事件和方法。
2. 掌握单选钮的属性、事件和方法。
3. 理解框架的作用并掌握框架的使用方法。

4.1.2 工作任务

设计一个设置字体的小程序，窗体上有两个标签、两个选择框、两个命令按钮和三组由框架分开的单选钮，每组单选钮有三个选项，分别用于设置标签上所显示的信息的字体、大小和颜色。程序要求通过两个选择框来控制对两个标签的设置是否起作用。

4.1.3 背景知识

1. 选择框

选择框（CheckBox）又称"复选框"，它提供两种状态让用户选择：选中和未选中状态。"选中"状态时，选择框的小方框中出现一个"√"标志；"未选中"状态时，"√"标志消失。如同开关一样，每单击一次选择框，它就在"选中"和"未选中"状态之间切换。选择框的常用属性如下。

Value 属性：表示选择框的状态，设置为 0 时，表示没有选中；为 1 时，表示选中；为 2 时，表示不可用，即呈灰色显示无响应。

Alignment 属性：用来设置选择框在提示信息的左侧还是右侧。设置为 0 时，表示在左侧；为 1 时，表示在右侧。

Style 属性：用来设置选择框的外观。设置为 0 时，是标准选择框的外观，即在一个方框旁边显示提示信息；设置为 1 时，其外观类似于按钮，当单击该按钮时，按钮处于被按下且尚未弹起的状态，再次单击恢复原状。这两种状态的比较如图 4 - 1 所示。

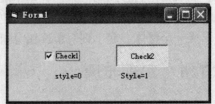

图 4 - 1 选择框的 Style 属性

2. 单选钮

如果有多个选择框，用户可以从中任意选择它们的状态组合，每个选择框都是独立的，互不影响。有时需要从一组选项中只能选择其中的一个，这时要用到单选钮（OptionButton）控件。如果有一组单选钮，只能从中选择其中的一个，也就是说它们之间是互斥的。当选中某一个单选钮时，该单选钮前边出现一个小黑点，表示被选中，同时其他单选钮前的小黑点消失，这也是单选钮与选择框的主要区别。单选钮的常用属性如下。

Value 属性：设置为 True 时，表示该项被选中。在一组单选钮中选中一个，即该控件的 Value 属性变成 True 时，其他控件的 Value 属性将自动变成 False。

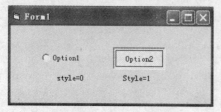

图 4 - 2　单选钮的 Style 属性

Style 属性：用于设置单选钮的外观。设置为 0 时，为标准的单选钮外观，即一个圆形按钮和提示信息；设置为 1 时，其外观和操作类似于选择框，即当单击该按钮时，按钮处于被按下且尚未弹起的状态，再次单击恢复原状。这两种状态的比较如图4 - 2所示。

如何选择使用选择框和单选钮呢？二者都可以用来选中某一选项，但选择框是独立的，彼此无关，适应于不同状态的选择。单选钮适用于在多个互斥的选项中选其一。

3. 框架

前面所讲的单选钮只能从中选择一个。但是对于有多组选项，希望每组中各选一项，这又如何实现呢？这就用到框架（Frame）控件。框架控件可以将单选钮分组，这样就可以对每组中的单选钮选择其中的一个。

框架除了用于单选钮分组之外，还可以作为其他控件的容器。如窗体（Form）、图片框（PictureBox）控件等也可以作为其他控件的容器。

Frame 控件的常用属性有：Caption 属性，用于显示 Frame 控件中的文本信息；Border-Style 属性用于设置框架是否有边线。当 BorderStyle 设置为 0 时，无边线；设为 1 时，有下凹的边线。

使用框架控件设计界面时，应该先在窗体上画出框架，再在框架内添加单选钮。在框架内画单选钮时要注意，应该在工具箱中单击单选钮，然后再在框架内画出单选钮。用这种方法画出的单选钮与框架形成一个整体，如果移动框架在窗体中的位置，框架中的单选钮也跟着一起移动；如果删除框架，则框架内的单选钮也一起删除。

如果在框架中添加单选钮时，不是采用单击方法，而是通过双击将单选钮添加在窗体上，然后再把它移动到框架内，则不能与框架形成一个整体，在移动框架时，单选钮也不能跟着一起移动，删除框架时，单选钮也不能跟着一起删除，也就是说它们各自是独立的，没有形成一个整体，起不到对单选钮分组的目的。

4.1.4　实现步骤

"选择框"控件提供两种状态可以让用户作出选择，而"单选钮"控件只能让用户从一组互斥选项中选择其中的一个。本任务设计时需要用到这两种控件，在窗体上添加上所需控件后，设计完成的程序界面如图4 - 3 所示。

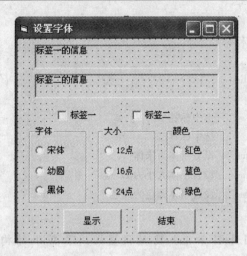

图 4-3　设置字体

属性设置如表 4-1 所示。

表 4-1　属性设置

对　　象	名　　称	属　　性	设　置　值
窗体	Form1	Caption	设置字体
标签 1	Label1	Caption	标签一的文本
标签 2	Label2	Caption	标签二的文本
选择框 1	Check1	Caption	标签一
选择框 2	Check2	Caption	标签二
命令按钮 1	Command1	Caption	显示
命令按钮 2	Command2	Caption	退出
框架 1	Frame1	Caption	字体
框架 2	Frame2	Caption	大小
框架 3	Frame3	Caption	颜色
单选钮 1	Option1	Caption	宋体
…	…	…	…
单选钮 9	Option9	Caption	绿色

程序执行时，首先在 Form_ Load 事件中初始化两个标签的字体显示，代码如下：

```
Private Sub Form_Load()
    '初始化标签一的字体
    With Label1
        . FontName = "宋体"
        . FontSize = 12
        . ForeColor = vbRed
    End With
    '初始化标签二的字体
```

```
    With Label2
        . FontName = "宋体"
        . FontSize = 12
        . ForeColor = vbRed
    End With
    Check1. Value = 1          '选中标签一
    Check2. Value = 1          '选中标签二
    Option1. Value = True      '设置字体为宋体
    Option4. Value = True      '设置字体大小为 12 点
    Option7. Value = True      '设置字体颜色为红色
End Sub
```

提示：上面代码中对 Label1 和 Label2 的设置采用了 With 结构，这样方便了代码的书写，也提高了程序的可读性。

当单击"显示"按钮时，程序先根据选择框 Check1 和 Check2 的选中情况判定对 Label1还是 Label2 或者两个都起作用，然后再根据各个单选钮的选中情况改变 Label1 或 Label2 的字体、大小和颜色，代码如下：

```
Private Sub Command1_Click( )
If Check1. Value = 1 Then
    SetFont Label1 '对 Label1 起作用
End If
If Check2. Value = 1 Then
    SetFont Label2 '对 Label2 起作用
End If
End Sub
Sub SetFont( lbl As Label ) '自定义过程
    With lbl
        '设置字体
        If Option1. Value Then . FontName = "宋体"
        If Option2. Value Then . FontName = "幼圆"
        If Option3. Value Then . FontName = "黑体"
        '设置大小
        If Option4. Value Then . FontSize = 12
        If Option5. Value Then . FontSize = 16
        If Option6. Value Then . FontSize = 24
        '设置颜色
        If Option7. Value Then . ForeColor = vbRed
        If Option8. Value Then . ForeColor = vbBlue
        If Option9. Value Then . ForeColor = vbGreen
    End With
End Sub
```

单击"退出"按钮时，终止程序的执行，调用了 End 方法。

程序执行结果如图 4-4 所示。

图 4-4 设置字体

4.1.5 任务 7 小结

选择框又称"复选框",它提供"选中"和"未选中"两种状态让用户选择。选择框的常用属性有 Value、Style 属性等。单选钮控件只能从一组互斥选项中选择其中的一个。框架控件可以将单选钮分组,这样就可以对每组中的单选钮选择其中的一个了,框架除了用于单选钮分组之外,还可以作为其他控件的容器。

4.2 任务 8 查询车次信息

4.2.1 学习目的

1. 掌握列表框的属性、事件和方法。
2. 掌握组合框的属性、事件和方法。
3. 掌握列表框和组合框的使用。

4.2.2 工作任务

设计一个查询车次信息的小程序,用列表框存储目的地,单击"查询"按钮将车次信息的查询结果显示在标签上。

4.2.3 背景知识

1. 列表框

在程序设计中,常常需要把较多的项目在一个列表中显示出来,从中进行选择等操作。列表框(ListBox)控件恰好解决了这个问题。在列表框中,放入若干选项,用户可以选择其中的一个或多个选项,如果项目很多,超过了列表框的长度,还可以自动在列表框上加一个垂直滚动条,便于用户选取。

（1）列表框常用属性

List 属性，用于设置列表项目。列表是一个字符串数组，数组的每一项都是一个列表项目，用 List 属性可以访问列表框中的每一项，如：

　　　List1. List(0) = "北京"

List 属性经常和 ListCount，ListIndex 属性结合起来使用。

ListIndex 属性，用于设置当前选择项目的索引，如：

　　　List1. List(List1. ListIndex)　　　'表示当前选择的项目

ListCount 属性：用于设置控件的列表项目的个数。如果没有选择项目，ListIndex 属性值为 -1。列表中的第一项是 ListIndex =0，并且 ListCount 始终比最大的 ListIndex 值大 1。

Text 属性：用于表示当前选中的项目文本。List1. Text 与 List1. List （List1. ListIndex） 表达式的结果完全相同。

MultiSelect 属性，用于设置是否允许多项选择。MultiSelect 属性的设置值如表 4 - 2 所示。

表 4 - 2　MultiSelect 属性的设置值

设 置 值	说 明
0（None）	一次只能选择一项，默认值
1（Simple）	选择多项，每用鼠标单击一项，就选中该项
2（Extended）	选择多项，用 Shift + 单击选择一组连续项，或用 Ctrl + 单击选择一组不连续项

Columns 属性：列表框中可见列数。默认值为 0，这时列表框中不允许显示多列。当 Columns 属性大于或等于 1 时，列表框中能显示多列，如图 4 - 5 所示。

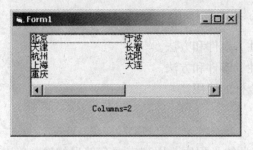

图 4 - 5　Columns 属性设置为 2

Style 属性：用于确定列表框的外观形式，在程序运行时只读。列表框的 Style 属性有两个值：0 和 1。对于不同的 Style 值，列表框的 Style 属性默认值是 0，当 Style 设置为 1 时，则列表框中的每个选项前有一个选择框，当选中某项时，该项前面的方框内有 "√"，如图 4 -6所示。

Selected 属性：是一个逻辑数组，设计时不可用。表示列表框中的某一项的选择状态。

提示：如果 ListBox 控件的 Style 属性设置为 1（复选框），那么 Selected 属性只对其复选框被选中的项返回 True，而对那些只是显示为高亮度的项并不返回 True。

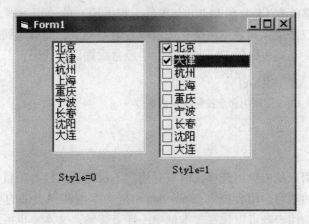

图 4 - 6　列表框的 Style 属性

Sorted 属性：是一个逻辑值，用于指定列表框控件的项目是否按字母顺序排序。如按字母顺序排列，则将 Sorted 属性设置为 True；如将 Sorted 属性设置为 False，则按添加到列表框中的先后顺序排序。

（2）列表框常用方法

AddItem 方法：用于向列表框控件添加新的项目，其语法格式如下：

　　列表框名 . AddItem Item［ , Index ］

其中，Item 是添加到列表中的字符串表达式，Index 是指定在列表中插入新项目的位置。如 Index 为 0，表示是第一个位置，如省略 Index，则表示将项目插入末尾。

通常在程序开始执行时，在 Form_ Load 事件实现列表框的初始化，如：

```
Private Sub Form_Load( )
    List1. AddItem "北京"
    List1. AddItem "天津"
    List1. AddItem "南京"
    List1. AddItem "上海"
    List1. AddItem "宁波"
End Sub
```

RemoveItem 方法：用于从列表框中删除某一项，其语法格式如下：

　　列表框名 . Removetem Index

其中，Index 是必需的，用来指定欲删除的选项。例如使用 RemoveItem 方法对上述的列表项进行删除：

　　List1. RemveItem 2

提示：删除掉中间某一项后，后面的各个列表项的索引号就会自动减 1。

Clear 方法，用于删除列表框中的所有项目，如 List1. Clear。

（3）列表框常用事件

列表框常用的事件有 Click 和 DblClick 事件。根据用户的使用习惯，单击鼠标操作表示选定一个项目，而双击鼠标则表示应该在选定项目的基础上，能够起到选中项目后单击确定按钮的效果。所以，在列表框的 DblClick 事件中经常添加以下代码：

```
Private Sub List1_DblClick( )
    Command1_Click   '调用命令按钮的单击事件
End Sub
```

2. 组合框

列表框可以让用户从中做出选择，但有时用户不仅希望从已有项目中选择，还希望能够输入列表框中没有的项目。组合框（ComboBox）把文本框和列表框的功能结合在一起，恰好满足了这个功能。用户既可以像在文本框中一样直接输入文本，也可以像在列表框一样从中做出选择。

由于组合框结合了文本框和列表框的功能，所以组合框同时具备了文本框和组合框的属性。组合框的很多属性跟列表框有点类似，比如 List，ListIndex，ListCount 和 Text 属性等。组合框的主要方法有 AddItem，RemoveItem，Clear 和 Refresh 等，主要事件有 Click，DblClick，Change 和 KeyPress 等。

组合框有三种不同的样式，可以通过 Style 属性来确定。Style 属性的设置值如表4-3所示。

表4-3   组合框的 Style 属性的设置值

常　　　数	值	说　　明
VbComboDropDown	0	下拉式组合框
VbComboSimple	1	简单组合框
VbComboDropDownList	2	下拉式列表框

在下拉式组合框和简单组合框中，用户可以从列表中选择，也可以自己输入文本，只不过是显示样式不同。下拉式组合框通过下拉箭头来打开列表，列表的长度由程序自己来调节，而简单组合框不存在下拉操作，它的长度是在绘制控件时就决定的。在下拉式列表框中，用户不能在列表框中输入选项，而只能在列表项目中进行选择。

提示： 如何选择使用组合框和列表框呢？一般情况下，当希望用户的输入限制在列表框提供的选项列表之中时，为了避免非法输入，应使用列表框。组合框包含编辑区，当选项列表不能包含所有可能的选项时，应使用组合框。此外，组合框节省了窗体的空间，只有单击组合框的下拉箭头时才显示全部列表，所以可以在无法容纳列表框的地方使用组合框。

4.2.4   实现步骤

在窗体上添加一个列表框，一个标签及一个命令按钮。设计好的程序界面如图4-7所示。

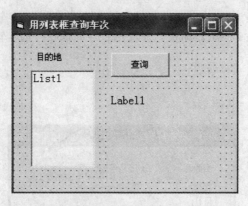

图 4 - 7　用列表框查询车次

属性设置如表 4 - 4 所示。

表 4 - 4　属性设置

对　　象	名　　称	属　　性	设　置　值
窗体	Form1	Caption	用列表框查询车次
列表框	List1	List	置空
标签	Label1	Caption	置空
命令按钮 1	Command1	Caption	查询

程序刚开始执行时，在 Form_ Load 事件中执行以下代码：

```
Private Sub Form_Load( )
    List1. AddItem "慈溪"
    List1. AddItem "舟山"
    List1. AddItem "北仑"
    List1. AddItem "杭州"
    List1. AddItem "奉化"
    List1. AddItem "余姚"
End Sub
```

当单击"查询"按钮时，先判断列表框中是否已选中一项，然后根据选中的不同项，显示不同的车次信息，代码如下：

```
Private Sub Command1_Click( )
    Dim tempStr As String
    tempStr = List1. text
    If tempStr = " " Then MsgBox ( "请先选择目的地" )
    Select Case tempStr
        Case "慈溪" : Label1. Caption = "宁波开往" + tempStr + "的客车下午 1 :00 出发"
        Case "北仑" : Label1. Caption = "宁波开往" + tempStr + "的客车下午 1 :30 出发"
        Case "舟山" : Label1. Caption = "宁波开往" + tempStr + "的客车下午 2 :00 出发"
        Case "杭州" : Label1. Caption = "宁波开往" + tempStr + "的客车下午 2 :30 出发"
```

```
        Case "余姚" : Label1. Caption = "宁波开往" + tempStr + "的客车下午 3:00 出发"
        Case "奉化" : Label1. Caption = "宁波开往" + tempStr + "的客车下午 3:30 出发"
    End Select
End Sub
```

程序执行结果如图 4-8 所示。

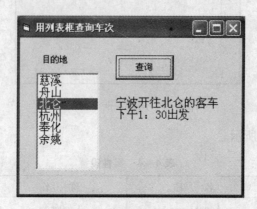

图 4-8　使用列表框

对于本程序，也可以考虑用组合框代替列表框实现，只需在窗体上添加组合框 Combo1，再在代码中相应的地方把列表框的名称 List1 改成组合框 Combo1 即可。使用组合框设计的程序执行结果如图 4-9 所示。

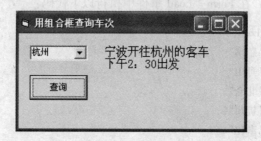

图 4-9　使用组合框

4.2.5　任务 8 小结

列表框提供了选项列表，以便用户从中选择。组合框把文本框和列表框的功能结合在一起，用户既可以像在文本框中一样直接输入文本，也可以像在列表框中一样做出选择。组合框有三种不同的样式：下拉式组合框、简单组合框和下拉式列表框。

4.3　任务 9　图片浏览器

4.3.1　学习目的

1. 掌握图片框和图像框的使用。
2. 掌握滚动条的使用。

3. 掌握通用对话框的使用。

4.3.2　工作任务

设计一个图片浏览器程序，用户通过打开"文件"对话框选择一个图片文件，然后在程序中把这张图片显示出来，调整滚动条可以改变图片的大小。

4.3.3　背景知识

1. 图片框

图片框（PictureBox）的图标是 ，其主要功能是显示图片或用 Print 方法输出文本，还可以作为其他控件的容器。在 VB 6.0 程序设计时，可以通过图片框将图片插入到程序界面中，从而使界面更加美观。

（1）图片框的常用属性

Align 属性，用来确定对象是否可在窗体上显示及如何显示。其语法格式如下：

> 对象名 . Align [= number]

其中，Number 为整数，确定对象在窗体上如何显示。其设置值如表 4 – 5 所示。

表 4 – 5　Number 的设置值

常　　数	值	说　　明
VbAlignNone	0	为非 MDI 窗体（默认），可以在设计时或在程序中确定大小和位置。如果对象在 MDI 窗体上，则忽略该设置值
VbAlignTop	1	为 MDI 窗体（默认），对象显示在窗体的顶部，其宽度等于窗体的 ScaleWidth 属性设置值
VbAlignBottom	2	对象显示在窗体的底部，其宽度等于窗体的 ScaleWidth 属性设置值
VbAlignLeft	3	对象在窗体的左面，其宽度等于窗体的 ScaleWidth 属性设置值
VbAlignRight	4	对象在窗体的右面，其宽度为窗体的 ScaleWidth 属性设置值

Align 属性的示例代码如下：

```
'切换图片控件在窗体的顶部和底部的显示位置
If Picture1. Align = vbAlignTop Then
    Picture1. Align = vbAlignBottom        '图片框件在窗体的底部
Else
    Picture1. Align = vbAlignTop           '图片控件在窗体的顶部
End if
```

AutoSize 属性：用于决定控件是否自动调整大小以显示其全部内容。当设置为 True 时，能够自动调整控件大小，显示全部内容；默认值为 False 时，控件大小保持不变，图片的大小超过图片框的大小时只显示部分图片，图片过小则未填满图片框。

DrawWidth 属性：用于设置图形方法输出的线宽。将 DrawWidth 设置为 1，允许 Draw-Style 产生所有的线型样式。如果 DrawWidth 属性值大于 1，DrawStyle 属性值设置为 1～4 时画出一条实线。

FillColor 属性：用于设置填充形状的颜色，也可以用来设置填充由 Circle 和 Line 图形方法生成的圆和矩形，其语法格式如下：

　　　　对象名 . FillColor〔= value〕

其中，Value 可以由 RGB 和 QBColor 函数确定，或由系统颜色常数来指定颜色。例如按下鼠标时，可用随机的 FillColor 和 FillStyle 属性值在窗体中画一个圆，代码如下：

```
Private Sub Form_MouseDown ( Button As Integer, Shift As Integer, X As Single, Y As Single )
    FillColor = QBColor( Int( Rnd * 15 ) )        '选择随机的 FillColor
    FillStyle = Int( Rnd * 8 )                    '选择随机的 FillStyle
    Circle ( X, Y ), 250
End Sub
```

FillStyle 属性：用于指定填充样式，其语法格式如下：

　　　　对象名 . FillColor〔= number〕

其中，Number 为整数，设置值如表 4 -6 所示。

表 4 -6　Number 的设置值

常　　　　数	值	说　　　明
VbFSSolid	0	实线
VbFSTransparent	1	默认值，透明
VbHorizontalLine	2	水平直线
VbVerticalLine	3	垂直直线
VbUpwardDiagonal	4	上斜对角线
VbDownwardDiagonal	5	下斜对角线
VbCross	6	十字线
VbDiagonalCross	7	交叉对角线

提示：如果 FillStyle 设置为 1（透明），则忽略 FillColor 属性，但 Form 对象除外。
例如在鼠标的移动事件中，用随机颜色画出一些随机填充样式的圆，代码如下：

```
Private Sub Form_MouseDown ( Button As Integer, Shift As Integer, X As Single, Y As Single )
    FillColor = QBColor( Rnd * 15 )        '选择随机的 FillColor
    FillStyle = Int( Rnd * 8 )             '选择随机的 FillStyle
    Circle ( X,Y ), 250                    '画一个圆
End Sub
```

代码运行后，显示的窗体如图 4 -10 所示。

Picture 属性：用于返回或设置控件中要显示的图片，其语法格式如下：

　　　　对象名 . Picture〔= picture〕

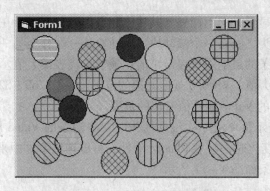

图 4 - 10　FillStyle 和 FillColor 属性的示例

其中，Picture 指定一个图片文件。设计时 Picture 属性可以从属性窗口中加载图片，运行时使用 LoadPicture 函数来设置。例如下面的代码执行后，在窗体的背景上载入一幅图片：

```
Private Sub Form_load( )
    Picture = LoadPicture( " c : \ . . . . \a. jpg" )
End Sub
```

（2）图片框常用方法

Cls 方法：用于清除运行时 PictureBox 或 Form 的图形和文本。

Circle 方法：用于画圆、椭圆或弧。

Line 方法：用于画线和矩形。

PSet 方法：用于画点。

提示：设计时在 Form 中使用 Picture 属性设置的背景位图和放置的控件不受 Cls 影响。

（3）PictureBox 控件的常用事件

Change 事件：用于指示 PictureBox 控件的内容已经改变。

Paint 事件：用于在一个对象被移动或放大之后，或在一个覆盖该对象的窗体被移开之后，该对象部分或全部暴露时，此事件发生。使用 Refresh 方法时，Paint 事件即被调用。

提示：如果 AutoRedraw 属性被设置为 True，重新绘图会自动进行，就不需要 Paint 事件。

2. 图像框

图像框（Image）的图标是▣，可以用来显示图形。Image 控件占用较少的系统资源，所以重画起来比 PictureBox 控件要快，但是它只支持 PictureBox 控件的一部分属性、事件和方法。另外，Image 控件也不能作为其他控件的容器。

图像框的常用属性如下。

Picture 属性：用于设置显示的图形文件。

BorderStyle 属性：用于设置对象的边框样式。设置为 0 时，无边框；设置为 1 时，为固定单边框。

Stretch 属性：用于设置是否缩放图形来适应控件大小。

3. 滚动条

滚动条（ScrollBar）控件可以进行数据输入。滚动条控件有水平和垂直滚动条两种类型。这两种滚动条除了显示方向不同外，其功能和操作是一样的。在滚动条两端各有一个滚动条箭头，在滚动条箭头之间有一个滚动块。滚动块从一端移至另一端时，其 Value 属性值在不断变化。垂直滚动条的最上端代表最小值，最下端代表最大值。水平滚动条则是左端代表最小值，右端代表最大值。VB 6.0 规定其值的范围为 -32 768 ~ 32 767。可以用 min 属性和 max 属性指定滚动条的 Value 属性值变化的范围。

　　SmallChange 属性表示每单击一次滚动箭头时，滚动条的 Value 属性值的变化大小。当滚动条的 Value 属性值变化时，触发 Change 事件，可以在该事件中来完成有关操作。

　　添加到窗体上滚动条如图 4 - 11 所示。

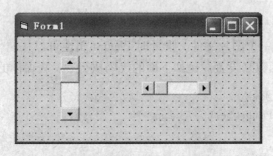

图 4 - 11　添加到窗体上的水平和垂直滚动条

4. 通用对话框

　　在使用 Windows 应用程序时，用户经常会用到打开文件、保存文件、打印、设置颜色和字体对话框等。Visual Basic 提供了通用对话框，可以完成设计这些对话框的功能，免去用户重复设计。

　　在默认状态下，通用对话框并不在工具箱中，所以在使用通用对话框之前，应先将其添加到工具箱中。选中"工程"菜单的"部件"选项，然后在弹出的"部件"对话框中选择"控件"选项卡中的"Microsoft Common Dialog Control 6.0（SP6）"，单击"确定"按钮即可。其中，"部件"对话框如图 4 - 12 所示。

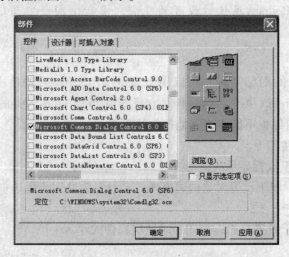

图 4 - 12　"部件"对话框

这样，出现在工具箱中的通用对话框控件为▣。通用对话框可以通过单击鼠标右键选择快捷菜单中的"属性"，打开"属性页"对话框来设置属性。"属性页"对话框如图 4 - 13 所示。

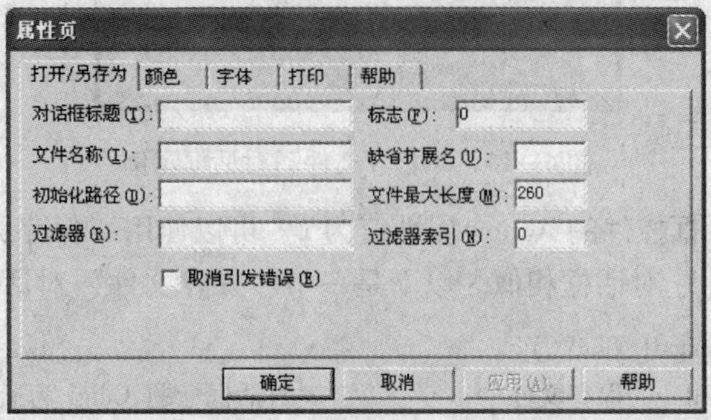

图 4 - 13　"属性页"对话框

例如设置"打开/另存为"选项卡中的过滤器属性的设置格式如下：

　　描述符 1 | [过滤符 1] | 描述符 2 | [过滤符 2]……

其中，用竖线"|"分隔开每组过滤符，包括描述说明和对应的过滤符。如"All File (*.*) | *.* | BMP 文件 (.bmp) | *.bmp | JPG 文件 (.jpg) | *.jpg"。

通用对话框可以通过设置 Action 属性或调用 Show 方法来选择不同的类型，如表 4 - 7 所示。

表 4 - 7　通用对话框的类型

Action 属性	Show 方法	对话框类型
1	ShowOpen	"打开文件"对话框
2	ShowSave	"保存文件"对话框
3	ShowColor	"颜色"对话框
4	ShowFont	"字体"对话框
5	ShowPrinter	"打印"对话框
6	ShowHelp	"帮助"对话框

下面是使用打开文件对话框的示例。

首先在窗体上添加一个按钮和一个通用对话框，设置对话框名称为 Cdlg1，程序执行"打开文件"对话框后，选中一个文件，然后把选中的文件名称（含路径）放在窗体的标题上。代码如下：

```
Private Sub Command1_Click( )
    Cdlg1. Filter = " 所有文件( *.* ) | *.* | EXE 文件(.exe) | *.exe"    '过滤字符串
    Cdlg1. Action = 1                        '指定为打开文件对话框
    Form1. Caption = Cdlg1. FileName         '打开文件名字符串赋予窗体标题
End Sub
```

程序运行结果如图 4 - 14 所示。

图 4 – 14　　"打开文件"对话框示例

通过指定通用对话框控件的 Action 属性值为 2，可以使用"保存文件"对话框，它的许多属性都跟"打开文件"对话框相似。以下是一个"保存文件"对话框的代码示例：

```
Private Sub Command1_Click( )
    Cdlg1. DialogTitle = "保存文件"                      '对话框标题,Cdlg1 为通用对话框名称
    Cdlg1. Filter = " 所有文件( * . * ) | * . . | EXE 文件(. exe) | * . exe"   '过滤字符串
    Cdlg1. FilterIndex = 1                              '指定默认文件类型的过滤符
    Cdlg1. InitDir = " E:\Book"                         '指定默认路径
    Cdlg1. Action = 2                                  '指定为保存文件对话框
End Sub
```

提示：和"打开文件"对话框一样，"保存文件"对话框并没有实际执行打开文件和保存文件的功能。用户需要自己编写代码以完成打开文件和保存文件的实际操作。

通用对话框控件的 Action 属性值为 3 时表示"颜色"对话框。下面是一个使用颜色对话框的示例，通过选择颜色对话框中的颜色，来设置文本框中的字体颜色。代码如下：

```
Private Sub Command1_Click( )
    Cdlg1. Action = 3                  '指定为颜色对话框,Cdlg1 为通用对话框名称
    Text1. ForeColor = Cdlg1. Color    '设置文本框的字体颜色(前景色)
End Sub
```

执行时选中"颜色"对话框中的蓝色，则文本框中的字体颜色改变为蓝色。其中，"颜色"对话框如图 4 – 15 所示。

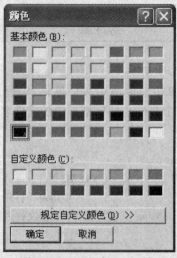

图 4 – 15　　"颜色"对话框

通用对话框控件的 Action 属性值为 4 时，可以使用"字体"对话框。下面是一个使用"字体"对话框的示例。通过选择"字体"对话框中的字体，来改变文本框中的字体。代码如下：

```
Private Sub Command1_Click( )
    Cdlg1. Flags = 1                                        '屏幕字体
    Cdlg1. Action = 4                                       '指定为字体对话框
    Text1. FontName = Cdlg1. FontName                       '字体名称
    Text1. FontSize = Cdlg1. FontSize                       '字体大小
    Text1. FontBold = Cdlg1. FontBold                       '粗体
    Text1. FontItalic = Cdlg1. FontItalic                   '斜体
    Text1. FontUnderline = Cdlg1. FontUnderline             '下划线
    Text1. FontStrikethru = Cdlg1. FontStrikethru           '着重号
End Sub
```

执行时选中"字体"对话框中的各个属性值，单击按钮设置文本框中的字体。其中，"字体"对话框如图 4-16 所示。

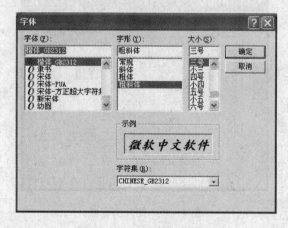

图 4-16　"字体"对话框

通用对话框控件还可以设计具有 Windows 风格的打印和帮助对话框，这两种对话框的使用涉及其他方面的一些知识较多，这里不再叙述，有兴趣的读者可以参阅有关技术文档。

4.3.4　实现步骤

在窗体上添加两个滚动条、一个通用对话框、一个图片框及一个命令按钮。设计好的程序界面如图 4-17 所示。

属性设置见表 4-8。

表 4-8　属性设置

对　　象	名　　称	属　　性	设　置　值
窗体	Form1	Caption	图片浏览器
命令按钮 1	Command1	Caption	打开图片文件

续表

对　象	名　称	属　性	设　置　值
图片框	Picture1	AutoSize	False
		Width	2000
		Height	2000
通用对话框	Commondialog1	Filter	JPG 文件（＊.JPG）｜＊.jpg｜BMP 文件（＊.BMP）｜＊.BMP
		DialogTitle	打开图片文件
垂直滚动条	Vscroll1	Min	2000
		Max	4000
		LargeChange	10
水平滚动条	Hscroll1	Min	2000
		Max	4000
		LargeChange	10

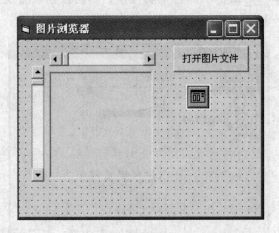

图 4 - 17　图片浏览器

　　程序执行时，当单击"打开图片文件"按钮时，调用"打开文件"对话框，从中选取图片文件，本任务中实现可浏览 JPG 和 BMP 两种格式的图片文件，然后把图片显示在图片框中。通过调节水平滚动条和垂直滚动条的大小，改变图片框的大小。代码如下：

```
Private Sub Commond1_Click()
    CommonDialog1. FilterIndex = 2          '指定默认显示图片文件的格式
    CommonDialog1. Action = 1               '指定为打开文件对话框
    Picture1. Picture = LoadPicture( CommonDialog1. FileName)    '显示在图片框
End Sub

Private Sub HScroll1_Change()
    Picture1. Width = HScroll1. Value        '改变图片框的宽度
End Sub

Private Sub VScroll1_Change()
```

　　　　　Picture1. Height = VScroll1. Value　　　　　'改变图片框的高度
　　　End Sub

程序运行结果如图 4 – 18 所示。

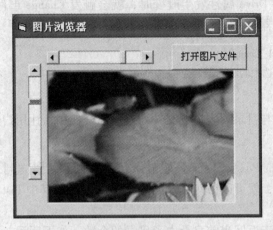

图 4 – 18　图片浏览器

4.3.5　任务 9 小结

　　图片框的主要功能就是显示图片或用 Print 方法输出文本，还可以作为其他控件的容器。图像框也可以用来显示图片，但不能作为其他控件的容器，优点是占用较少的系统资源，所以重画起来比 PictureBox 控件要快，但是它只支持图片框控件的部分属性、事件和方法。滚动条控件有水平和垂直滚动条两种，可以用于数据输入。通用对话框可以通过设置 Action 属性或调用 Show 系列方法来选择不同类型的对话框。

4.4　任务 10　文件系统控件的使用

4.4.1　学习目的

　　1. 掌握文件系统控件（驱动器列表框、目录列表框、文件列表框）的使用。
　　2. 掌握用 VB 6.0 复制文件、删除文件和重命名文件等一些常见的文件操作。
　　3. 掌握消息框、输入对话框的使用。

4.4.2　工作任务

　　本任务要求使用文件系统控件，完成对文件的复制、重命名和删除操作。

4.4.3　背景知识

1. 驱动器列表框

　　驱动器列表框（DriveListBox），用来显示用户系统中所有有效的磁盘驱动器。最常用的属性是 Drive 属性，用来设置当前驱动器名，设计阶段不可用，必须在程序运行阶段在代码中赋值，如：

　　　　Drive1. Drive = "C:"　　　　　'设置当前驱动器名为"C:"盘

当驱动器列表框的 Drive 属性发生改变时，就会触发 Change 事件，可以在 Change 事件中编写代码处理当驱动器改变时要进行的动作，如：

```
Private Sub Drive1_Change( )
    MsgBox ("你选中的驱动器名为" + Drive1. Drive)
End Sub
```

驱动器列表框经常与目录列表框、文件列表框组合使用，让用户选择文件。

2. 目录列表框

目录列表框（DirListBox），用于分层显示目录和路径。设置目录列表框的 List, List-Count 和 ListIndex 属性，就可以访问目录列表框中的项目。其中 List 属性是一字符串数组，用于设置控件的列表项。

ListCount 属性，用于返回当前目录中子目录的个数，如下所示：

```
Private Sub Dir1_Click( )
    List1. Clear        '清空列表框
    '遍历目录列表框,当前目录下的所有子目录
    For i = 0 To Dir1. ListCount – 1
    List1. AddItem Dir1. List(i)
    Next i
End Sub
```

要执行上面的代码，先在窗体中添加一个目录列表框 DirListBox 和一个列表框 List1，然后在代码窗口中输入以上代码，程序运行结果如图 4 – 19 所示。

图 4 – 19　目录列表框的 List，ListCount 属性的使用示例

ListIndex 属性，用于设置当前选择目录的索引。例如显示当前目录，代码如下：

　　　　MsgBox Dir1. List(Dir1. ListIndex)　　　'显示当前目录

Path 属性，用于设置当前路径。下面的代码可以使目录列表框与驱动器列表框之间保持同步。

```
Private Sub Drive1_Change()
    Dir1. Path = Drive1. Drive
End Sub
```

3. 文件列表框

文件列表框（FileListBox），用来显示当前目录下的文件。文件列表框也有 Path 属性，用来指定或返回当前目录，可以通过这个属性，可以把文件列表框与目录列表框关联起来。Pattern 属性用来指定或返回显示文件的类型。例如，以下的代码实现只显示 vbp 格式的文件：

```
File1. Pattern = " * . vbp"
```

以下的语句可以使三个文件系统控件保持同步：

```
Private Sub Drive1_Change()
    Dir1. Path = Drive1. Drive        '关联目录列表框和驱动器列表框
End Sub

Private Sub Dir1_Click()
    File1. Path = Dir1. Path          '关联文件列表框和目录列表框
End Sub
```

当执行以上代码时，改变驱动器列表框的驱动器名，目录列表框的目录列表也随之改变，改变目录列表框的当前目录，文件列表框的文件列表也随之改变。

4. 消息框

消息框就是在对话框中显示提示信息，等待用户单击对话框中的按钮，然后返回一个值表明用户单击的是哪一个按钮。在 VB 6.0 中，消息框由 MsgBox() 函数实现，其语法格式如下：

```
resultVal = MsgBox(prompt[ , buttons][ , title])
```

MsgBox() 函数各参数的说明见表 4 - 9。

表 4 - 9　MsgBox() 的参数说明

参　　数	说　　明
prompt	必需的，消息框中的提示字符串信息，prompt 的最大长度大约是 1024 个字符，由所用字符的宽度决定。如果有多行提示信息，可用回车（Chr(13)）、换行（Chr(10)）或是回车换行符的组合来分开
buttons	可选的，数值表达式，决定了消息框中的按钮和图标的种类和数目，以及默认的"活动"按钮。如果省略，则只含有一个"确定"按钮
title	可选的，消息框的标题。如果省略，则把应用程序名作为标题
resultVal	返回值

其中，buttons 参数由三个数值相加得到，这三个数值分别代表按钮的类型、图标的种

类和默认的"活动"按钮。表 4 – 10，表 4 – 11 和表 4 – 11 分别是对这三个数值的说明。

表 4 – 10　按钮的类型及其对应的值

符 号 常 量	值	说　　明
vbOKOnly	0	"确定"按钮
vbOKCancel	1	"确定"、"取消"按钮
vbAbortRetryIgnore	2	"终止（A）"、"重试（R）"、"忽略（I）"按钮
vbYesNoCancel	3	"是（Y）"、"否（N）"、"取消"按钮
vbYesNo	4	"是（Y）"、"否（N）"按钮
vbRetryCancel	5	"重试（R）"、"取消"按钮

表 4 – 11　图标的类型及其对应的值

符 号 常 量	值	说　　明
vbCritical	16	⊗
vbQuestion	32	?
vbExclamation	48	⚠
vbInformation	64	ⓘ

表 4 – 12　默认按钮及其对应的值

符 号 常 量	值	说　　明
vbDefaultButton1	0	第一个按钮为默认按钮
vbDefaultButton2	256	第二个按钮为默认按钮
vbDefaultButton3	512	第三个按钮为默认按钮

返回值 resultVal 的可能取值见表 4 – 13。

表 4 – 13　返回值 resultval 的可能取值

符 号 常 量	值	说　　明
vbOK	1	"确定"按钮
vbCancel	2	"取消"按钮
vbAbort	3	"终止（A）"按钮
vbRetry	4	"重试（R）"按钮
vbIgnore	5	"忽略（I）"按钮
vbYes	6	"是（Y）""按钮
vbNo	7	"否（N）"按钮

例如，下面的语句显示的消息框如图 4 – 20 所示。

```
returnval = MsgBox("输入的密码不正确",277,"密码校验")
```

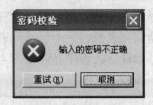

图 4 - 20　消息框示例

5. 输入对话框

输入对话框用于接受用户的输入信息，从而使程序界面更友好、使用更方便。在 VB 6.0 中输入对话框由 InputBox( ) 函数实现，其语法格式如下。

InputBox(prompt[, title] [, default] [, xpos] [, ypos] [, helpfile, context])

InputBox( ) 函数各参数的说明见表 4 - 14。

表 4 - 14　InputBox( ) 函数各参数的说明

参　　数	说　　明
prompt	必需的。输入对话框中的提示字符串信息。prompt 的最大长度大约是 1024 个字符，由所用字符的宽度决定。如果有多行提示信息，可用回车（Chr(13)）、换行（Chr(10)）或是回车换行符的的组合来分隔
title	可选的，消息框的标题。如果省略，则把应用程序名作为标题
default	可选的。显示文本框中的默认字符串。如果省略，则文本框为空
xpos	可选的。数值表达式，成对出现，指定输入对话框的左边与屏幕左边的水平距离。如果省略，则输入对话框会在水平方向居中
ypos	可选的。数值表达式，成对出现，指定输入对话框的上边与屏幕上边的距离。如果省略，则输入对话框被放置在屏幕垂直方向距下边大约三分之一的位置
helpfile	可选的。字符串表达式，识别帮助文件，用该文件为输入对话框提供上下文相关的帮助。如果已提供 helpfile，则也必须提供 context
context	可选的。数值表达式，由帮助文件的作者指定给某个帮助主题的帮助上下文编号

例如，下面的语句要显示的输入对话框如图 4 - 21 所示。

fileStr = InputBox("请输入文件名" ,"输入对话框" ,"readme. txt")

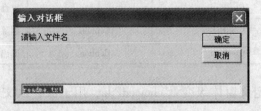

图 4 - 21　输入对话框示例

4.4.4　实现步骤

在 VB 6.0 中，可以使用通用对话框选择文件，还可以使用文件系统控件。文件系统控件包含 DirListBox，DriveListBox 和 FileListBox 三种，经常使用它们的组合，在应用程序中检查可用的磁盘文件并从中做出选择。本任务就将使用到这三种文件系统控件。

　　首先，在窗体上添加一个驱动器列表框、一个目录列表框、一个文件列表框、一个组合框、两个标签以及四个命令按钮。设计好的程序界面如图 4 – 22 所示。

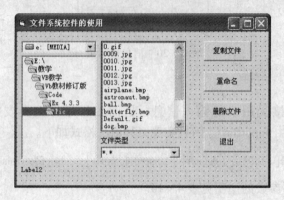

图 4 – 22　文件系统控件的使用

　　属性设置见表 4 – 15。

表 4 – 15　属性设置

对　象	名　称	属　性	设　置　值
窗体	Form1	Caption	文件系统控件的使用
驱动器列表框	Dirve1	（名称）	Dirve1
目录列表框	Dir1	（名称）	Dir1
文件列表框	File1	（名称）	File1
组合框	Combo1	List	*.*, *.EXE, *.TXT, *.DLL
		Text	*.*
		Style	0 – DropDown
标签 1	Label1	Caption	文件类型
标签 2	Label2	Caption	清空
命令按钮 1	CmdCopy	Caption	复制文件
命令按钮 2	CmdRename	Caption	重命名
命令按钮 3	CmdDelete	Caption	删除文件
命令按钮 4	CmdExit	Caption	退出

　　在窗体的通用部分定义窗体级变量 choicedFile，用于保存从文件列表框中选中文件的名称。

　　　　Dim choicedFile As String

　　以下一段代码保持各文件系统控件之间的同步：

　　　　Private Sub Dir1_Change( )

　　　　　　File1. Path = Dir1. Path

```
    End Sub

    Private Sub Drive1_Change( )
        Dir1. Path = Drive1. Drive
    End Sub
```

本程序还使用了文件列表框的 Pattern 属性，利用组合框 Combo1 决定要显示的文件类型：

```
    Private Sub Combo1_Click( )
        File1. Pattern = Combo1. Text
    End Sub
```

以下代码当用户单击文件列表框时，获取选中的文件名。这里要把选中的文件名保存在 choicedFile 窗体级变量中，以供复制文件、重命名和删除文件时使用。

```
    Private Sub File1_Click( )
        Label2. Caption = Dir1. Path + File1. FileName
        If Right $ ( Dir1. Path, 1) = " \ " Then          '根目录
         choicedFile = Dir1. Path + File1. FileName         '直接相接
        Else                                              '非根目录
         choicedFile = Dir1. Path + " \ " + File1. FileName   '目录和文件名之间加一" \ "
        End If
    End Sub
```

提示：这里有个细节问题，就是如果选择的目录是根目录，其表示方式是 C：\ 或 a：\ 等，即字符串的末尾有一个 " \ " 符号，如果不是根目录，就没有 " \ " 符号，如 C：\ MyDir。如果要表示此目录下的文件 Text1. txt，则应是 C：\ MyDir \Text1. txt，就要在非根目录的目录后加上 " \ " 符号。

下面的代码是复制文件的操作，用到了 VB 6.0 提供的 FillCopy 语句，其语法格式如下：

```
    FillCopy <源文件名 > , <目标文件名 >
```

这里的源文件名从 choicedFile 中获得，目标文件名由输入对话框 InputBox 指定，注意要输入完整的文件路径。

```
    Private Sub CmdCopy_Click( )
        Dim destFile As String
        destFile = InputBox( "请输入复制目的的文件" , "复制文件")
        If destFile < > "" Then
         FileCopy choicedFile , destFile
        End If
    End Sub
```

下面的代码可以对文件重命名，用到了 VB 6.0 提供的 Name 语句，其语法格式如下：

```
    Name <旧文件名 > As <新文件名 >
```

　　这里的旧文件名从 choicedFile 中获得，新文件名由输入对话框 InputBox 指定，同样要注意输入完整的文件路径。

```
Private Sub CmdRename_Click( )
    Dim newFileName As String
    newFileName = InputBox("请输入新文件名", "文件重命名")
    If newFileName <> "" Then
     Name choicedFile As newFileName
     File1. Refresh
     End If
    End Sub
```

　　下面的代码是删除文件，用到 VB 6.0 提供的 Kill 语句，其语法如下：

```
Kill <文件名>
```

　　这里的文件名从 choicedFile 中获得，删除文件时最好先要求用户再次确认，以免产生误操作。

```
Private Sub CmdDelete_Click( )
    Dim result As Integer
    result = MsgBox("你确信要删除文件吗?", 35, "删除文件")
    If result = 6 Then        '选中消息框的"是"按钮
     Kill choicedFile
     File1. Refresh
     End If
    End Sub
```

　　最后，结束程序的执行。在 CmdExit 按钮的单击事件中调用 END 方法。代码如下：

```
Private Sub CmdExit_Click( )
    End
    End Sub
```

4.4.5　任务 10 小结

　　文件系统控件包含 DirListBox，DriveListBox 和 FileListBox 三种，组合使用它们可以选择文件系统中的文件。消息框用于向用户显示提示信息，在 VB 6.0 中消息框由 MsgBox( )函数实现。输入对话框用于接受用户的输入信息，在 VB 6.0 中输入对话框由 InputBox( )函数实现。

练习

　　1. 设计一个小程序，用户在一个文本框中输入一段文字，然后单击选择框，用以改变文本的字体、字号和颜色。程序执行界面如图 4 – 23 所示。

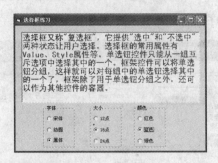

图 4 – 23　选择框的使用

2. 设计一个小程序，用户单击四个不同的单选钮，分别显示当前日期的星期、日期、月份和年份，图 4 – 24 为选中"星期"单选钮时的程序执行结果。

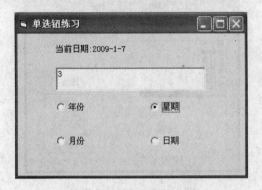

图 4 – 24　单选钮的使用

3. 设计一个小程序，运行时窗体中的列表框中列出若干省份名称，当双击某个省份名称时，该省份的省会城市就显示在标签上。程序执行结果如图 4 – 25 所示。

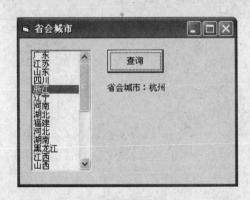

图 4 – 25　省会选择程序

4. 设计一个计算机配置的小程序，当用户选定基本配件后，单击"确定"按钮在右边的列表框中显示所选择的配置信息。程序执行结果如图 4 – 26 所示。

5. 设计一个员工信息管理的小程序，要求单击"添加"按钮时能够将文本框中的员工姓名添加到员工信息的列表框中，分别单击"删除"和"修改"按钮时，能够对列表框中的选中项做出相应操作。程序执行如图 4 – 27 所示。

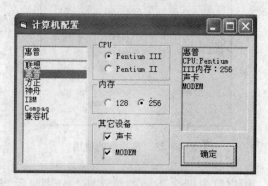

图 4 – 26　计算机配置程序

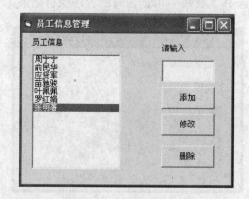

图 4 – 27　员工信息管理

6. 设计一个小程序，能够实现拖动鼠标在图片框上随机画圆，单击"清空"命令按钮时，清空图片框内的图形。程序执行如图 4 – 28 所示。

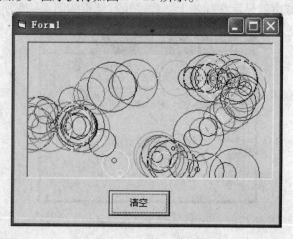

图 4 – 28　在图片框上画圆

7. 设计一个小程序，当程序刚开始执行时，在窗体中央用图像框显示一幅图片。当窗体改变大小时，图像框的大小也随之改变，同时图像框的位置始终保持在窗体中央。程序执行结果如图 4 – 29 所示。

图 4 – 29　图像框的应用

8. 设计一个赛车小程序，窗体上有五辆赛车，同时从起点线出发，最先达到终点线的赛车为获胜方，如果用户选择的赛车恰好是获胜方，将获得 20 积分，反之，则被扣除 20 积分。其中，赛车用 Image 图像框实现。初始积分为 100 分，赛车的移动速度由随机产生的序列数来控制。程序执行界面如图 4 – 30 所示。

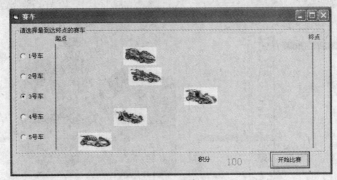

图 4 – 30　赛车游戏程序

9. 设计一个浏览图片的小程序，单击"打开"按钮时，出现打开图片文件的对话框，选中要显示的图片文件后，在图像框中显示出来。程序执行结果如图 4 – 31 所示。

图 4 – 31　简单图片浏览器

10. 设计一个类似于资源管理器的小程序，使驱动器列表框、目录列表框和文件列表框三个控件始终保持同步，可以浏览目录和文件，如图 4-32 所示。

图 4-32　类似于资源管理器的小程序

11. 设计一个小程序，窗体上有驱动器列表框、目录列表框和文件列表框，实现这三个控件的同步工作，当单击文件列表框中的图片文件时，在图像框中浏览图片，同时在标签中显示图片名称，如图 4-33 所示。

图 4-33　图片浏览

第 5 章 菜 单 设 计

5.1 任务 11 多文档编辑器

5.1.1 学习目的

1. 掌握菜单、弹出式菜单的设计方法。
2. 熟练掌握多文档界面（MDI）的设计。
3. 熟练掌握剪切板（ClipBoard）等系统内部对象的应用。

5.1.2 工作任务

设计一个多文档界面（MDI）的文本编辑器程序，窗体上的主菜单有"文件"、"编辑"和"窗口"。其中"文件"菜单含"新建"和"退出"子菜单，"编辑"菜单含"剪切"、"复制"和"粘贴"子菜单，"窗口"菜单含"水平平铺"、"垂直平铺"和"层叠"子菜单。子窗体上有一个文本编辑区，要求实现菜单功能。

5.1.3 背景知识

1. 菜单

菜单编辑器主要包含两部分：上面是菜单控件的属性设置区，下面是菜单列表区。其中，在属性设置区中，通常可以进行以下设置。

"标题"文本框：菜单项显示文本。如设为连字号"－"，则表示是分割条，用于菜单项的分组。

"名称"文本框：用来在代码中引用菜单项名称。

"索引"文本框：数值，用来确定菜单项在菜单控件数组中的位置。该位置与控件在屏幕上显示的先后顺序无关。

"快捷键"组合框：为每个菜单项选定快捷键。

"复选"选择框：在菜单项左边设置复选标记。通常用来切换选项。

"有效"选择框：是否让菜单项对事件做出响应。

"可见"选择框：决定菜单项是否可见。

"显示窗口列表"选择框：在 MDI 应用程序中，确定菜单控件是否包含一个打开的 MDI 子窗体列表。

"右箭头"按钮：每次单击都把选定的菜单向右移一个等级。

"左箭头"按钮：每次单击都把选定的菜单向上移一个等级。

"上箭头"按钮：每次单击都把选定的菜单项在同级菜单内向上移动一个位置。

"下箭头"按钮：每次单击都把选定的菜单项在同级菜单内向下移动一个位置。

在菜单列表框中，用于列出当前窗体的所有菜单项。当在标题文本框中输入一个菜单项时，该项也会出现在菜单控件列表框中。从列表框中选取一个已存在的菜单控件可以编辑该控件的属性。

提示：为了能够通过键盘访问菜单项，可在标题的一个字母前插入 & 符号。在运行时，该字母带有下划线（& 符号是不可见的），按 Alt 键和该字母就可访问菜单或命令，称作访问键。菜单中不能使用重复的访问键。

2. 弹出式菜单

弹出式菜单是独立于菜单栏而在窗体上的浮动菜单。弹出式菜单又称为上下文菜单。可以通过单击鼠标右键来激活上下文菜单。

建立弹出式菜单的步骤如下。

（1）在菜单编辑器中建立主菜单项（没有缩进符号）。

（2）将该主菜单项的"可见"属性设为不可见，这样主菜单项就不出现在窗体的菜单栏中。

（3）建立该主菜单项的下级菜单项。注意：要把下级菜单项的"可见"属性设为可见。

为了显示弹出式菜单，可调用 PopupMenu 方法，其语法格式如下。

[对象名 .]PopupMenu menuname [,Flags [,x [,y]]]

当 Flags 设置为 0 时，为系统的默认状态，此时 x 的位置就是弹出菜单的左边界；当 Flags 设置为 4 时，x，y 的位置就是弹出菜单的中心位置；当 Flags 设置为 8 时，此时 x 的位置就是弹出菜单的右边界。

例如，当用户用鼠标右键单击一个窗体时，以下的代码显示一个名为 mnuFile 的菜单。可用 MouseUp 或者 MouseDown 事件来检测何时单击了鼠标右键，通常用法是使用 MouseUp 事件。

```
Private Sub Form_MouseUp（Button As Integer,Shift As Integer,X As Single,Y As Single）
    If Button = 2 Then              '检查是否单击了鼠标右键
        PopupMenu mnuFile           '把文件菜单显示为一个弹出式菜单
    End If
End Sub
```

每次只能显示一个弹出式菜单。在已显示一个弹出式菜单的情况下，后面的 PopupMenu 方法调用将不起作用。

3. 多文档界面

多文档界面（Multiple Document Interface，MDI）相对于单文档界面而言，就是应用程序提供了一个父窗口，该父窗口包含有该应用程序中打开的所有子窗口。当该父窗口最小化或关闭时，它所包含的所有子窗口都最小化或关闭。Windows 应用程序大多采用 MDI 结构设计。

对于一个多文档界面的应用程序而言，可以包含三类窗体：MDI 父窗体、MDI 子窗体和普通窗体。MDI 父窗体就是应用程序的主窗体，可以包含 MDI 子窗体。MDI 子窗体与 MDI 父窗体有从属关系，即该 MDI 父窗体最小化或关闭时，MDI 子窗口也都最小化或关闭。普通窗体与 MDI 父窗体没有从属关系，即可以从 MDI 父窗体中移出。

多文档界面（MDI）的应用程序往往包含多个子窗体，当打开多个子窗体时，可以用 MDI 父窗体的 Arrange 方法使这多个子窗体重新排列。其语法格式如下。

父窗体名 . Arrange ＜参数＞

其中的参数说明见表 5 - 1。

表 5 - 1　Arrange 方法的参数

符 号 常 量	值	说　　明
VbCasecade	0	层叠方式
VbTileHorizontal	1	水平平铺
VbTileVertical	2	垂直平铺
VbArrange	3	当子窗体最小化为图标，能使图标重新排列

提示：多文档界面（MDI）的应用程序中的菜单可以建立在 MDI 父窗体上，也可以建立在 MDI 子窗体上，但在程序执行时，都显示在 MDI 父窗体上。

4. 系统内部对象

多文档编辑器用到了系统内部对象——剪切板。在 VB 6.0 中提供了系统内部对象，用户设计应用程序时可以调用这些对象。常用的系统内部对象见表 5 - 2。

表 5 - 2　常用的系统内部对象

系统内部对象	名　称	说　　明
应用程序对象	App	用来指定应用程序的名称、标题、版本、版本和路径等信息
屏幕对象	Screen	用来指定 Windows 桌面，可获取拥有焦点的窗体、控件、鼠标指针等信息
剪贴板对象	ClipBoard	用来操作剪贴板上的文本和图形，如复制、剪切和粘贴
调试对象	Debug	用来调试程序的对象
打印对象	Printer	用来获取系统打印机的信息，实现打印输出各种文字或图形数据

（1）App 对象。App 对象有很多的属性和方法，可以通过 F2 功能键打开对象浏览器来查看，如图 5 - 1 所示。

图 5 - 1　App 对象的属性和方法

其中，常用的属性如 Path 属性，可以获得应用程序的当前路径；Title 属性，可以获得应用程序的标题。

（2）Screen 对象。Screen 对象的常用属性如表 5 – 3 所示。

表 5 – 3　Screen 对象的常用属性

属　　　　性	说　　　　明
ActiveControl	获取当前获得焦点的控件
ActiveForm	获取当前获得焦点的窗体
Height、Width	获得屏幕的高度和宽度
MouseIcon	返回或设置自定义的鼠标图标
MousePointer	返回或设置鼠标的形状

（3）ClipBoard 对象。所有 Windows 应用程序共享 Clipboard 对象，在复制任何信息到 Clipboard 对象中之前，应使用 Clear 方法清除 Clipboard 对象中的内容。

GetData 方法：用于从 Clipboard 对象返回非文本数据。

GetText 方法：用于返回 Clipboard 对象中的文本字符串。

SetData 方法：将非文本数据放到 Clipboard 对象中。

SetText 方法：将文本字符串放到 Clipboard 对象中。

（4）Debug 对象。Debug 对象没有属性和事件，只有两个方法：Print 和 Assert 方法。Print 方法用来在调试窗口显示文本信息。Assert 方法用于有条件的挂起，中断当前程序的执行。Assert 方法需要一个布尔型的变量或表达式作为参数，当该变量或表达式的值为 False 时，就中断程序的执行。

（5）Printer 对象。可以调用 Print 方法实现打印输出。另外，还可以调用 Printers 集合对象获取当前系统中所有可用打印机信息。

5.1.4　实现步骤

实现本程序的步骤如下。

（1）添加一个 MDI 窗体。从 VB 菜单栏中的"工程"菜单下，选择"添加 MDI 窗体"，这时就在应用程序中添加了一个 MDI 父窗体，设置窗体名称为 mainfrm，窗体标题为"多文档编辑器"。同时在右边的工程管理器中可以看到新添加的 MDI 窗体，如图 5 – 2 所示。

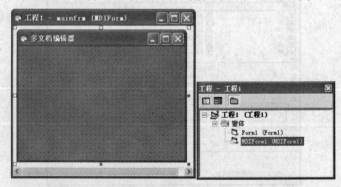

图 5 – 2　新添加的 MDI 父窗体

（2）设置 MDI 子窗体。子窗体本来就是普通窗体，设置普通窗体的 MDIChild 属性为 True，则该普通窗体就变成 MDI 父窗体的子窗体，如果 MDIChild 属性为 False（默认属性），则为普通窗体。对现有的普通窗体，设置其名称为 childfrm，MDIChild 属性为 True，并在窗体上放置一个文本框 Text，设置文本框的 MultiLine 属性为 True，并设置 Text1 的 Left 和 Top 属性都为 0，即文本框的对齐方式为右上角，至于文本框的大小则在代码中指定。

设计完成的子窗体 childfrm 如图 5-3 所示。

（3）在 MDI 窗体上添加菜单系统，可通过"菜单编辑器"来设计菜单。从 VB 6.0 主窗口中的"工具"菜单项中打开菜单编辑器，建立一个应用程序的菜单系统。菜单系统包含多个菜单项，每个菜单项都是一个独立的控件，有各自的属性和事件。菜单编辑器如图 5-4 所示。

图 5-3　设计完成的 MDIChild 子窗体 childfrm

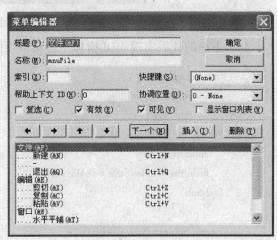

图 5-4　菜单编辑器

设计好的菜单项设置见表 5-4。

表 5-4　多文档编辑器的菜单项设置

菜单标题	菜单名称	快捷键	内缩符号
文件（&F）	mnuFile		无
新建（&N）	mnuNew	Ctrl + N	……
–	mnuBar		……
退出（&Q）	mnuExit	Ctrl + Q	……
编辑（&E）	mnuEdit		无
剪切（&X）	mnuCut	Ctrl + X	……
复制（&C）	mnuCopy	Ctrl + C	……
粘贴（&V）	mnuPaste	Ctrl + V	……
窗口（&W）	mnuWindows		无
水平平铺（&T）	mnuhor		……
垂直平铺（&L）	mnuVer		……
层叠（%B）	mnuCascode		……

添加菜单后，设计完成的 MDI 窗体 mainfrm 如图 5 – 5 所示。

图 5 – 5 　设计完成的 MDI 窗体 mainfrm

（4）下面的代码实现 MDI 窗体中各菜单项的功能。

```vb
Option Explicit                                        '强制变量声明
Dim newform As childfrm                                 '定义窗体对象变量

Private Sub MDIForm_Load( )
    childfrm. Hide                                      '隐藏 childfrm 子窗体
    mainfrm. WindowState = vbMaximized                  '窗口最大化显示
End Sub

Private Sub mnuNew_Click( )                             '新建
    Set newform = New childfrm                          '实例化
    newform. Show                                       '显示
    ActiveForm. Caption = "Untitled"                    '设置新建窗体的标题
End Sub
Private Sub mnuExit_Click( )
    Unload mainfrm                                      '退出
End Sub
Private Sub mnuCut_Click( )                             '剪切
    Clipboard. SetText mainfrm. ActiveForm. ActiveControl. SelText ,1    '复制到剪切板
    mainfrm. ActiveForm. ActiveControl. SelText = " "   '清空选中的内容
End Sub
Private Sub mnuCopy_Click( )                            '复制
    Clipboard. SetText mainfrm. ActiveForm. ActiveControl. SelText       '复制到剪切板
End Sub
Private Sub mnuPaste_Click( )                           '粘贴
    '从剪切板中获取文本
    mainfrm. ActiveForm. ActiveControl. SelText = Clipboard. GetText( )
End Sub
Private Sub mnuhor_Click( )
```

```
        mainfrm. Arrange 1                          '水平平铺
    End Sub
    Private Sub mnuver_Click( )
        mainfrm. Arrange 2                          '垂直平铺
    End Sub
    Private Sub mnucascode_Click( )
        mainfrm. Arrange 0                          '层叠
    End Sub
```

上面的代码在通用部分定义了一个窗体对象变量，即 Dim newform As childfrm 语句，并在 mnuNew_Click 事件中用 Set newform = New childfrm 对之赋值。声明对象变量的语法如下。

```
    Dim <对象变量名> As [ New ] <对象类型>
```

其中，“对象类型”可以是窗体、文本框、列表框等。New 关键字可选，如有 New 则在第一次引用该变量时将新建该对象的实例，不必使用 Set 语句来给该对象变量赋值。如下面的语句都是正确的。

```
    Dim MyFrom As Form
    Dim objText As TextBox
    Dim objListBox As New ListBox
```

但不能写成下面语句的形式：

```
    Dim objText As Text1               'Text1 是一个具体的文本框控件
    Dim objListBox As List1            'List1 是一个具体的列表框控件
```

使用 Set 语句为对象变量赋值，语法如下。

```
    Set < 对象变量名 > = < 对象 >
```

例如，窗体上有一文本框 Text1，则可以使用下面的语句为对象变量赋值。

```
    Dim txtVar As TextBox
    Set TxtVar = Text1
```

在以上代码中多处用到 ActiveForm 属性，表示当前的激活窗体，可以用它引用激活窗体的各个属性，如代码中出现的 ActiveForm. Caption 和 ActiveForm. ActiveControl。

（5）编写子窗体 childfrm 的代码，当打开子窗体 childfrm 时，要求窗体内的文本随着 childfrm 的大小改变而改变大小，故应添加以下代码：

```
    Private Sub Form_Resize( )
        childfrm. Hide
        Text1. Width = ScaleWidth       '文本框的宽度等于子窗体的宽度
        Text1. Height = ScaleHeight      '文本框的高度等于子窗体的高度
    End Sub
```

至此，完成程序功能的全部设计。

5.1.5　任务 11 小结

菜单编辑器可以用来设计应用程序的菜单系统以及建立弹出式菜单，在多文档界面（MDI）程序设计中应用广泛。为了显示弹出式菜单，需调用 PopupMenu 方法。MDI 应用程序往往包含多个子窗体，当打开多个子窗体时，可以用 MDI 父窗体的 Arrange 方法重新排列子窗体。

常用的系统内部对象有 App、Screen、Debug、ClipBoard、Printer 等。

练习

1. 在窗体上建立弹出式菜单，菜单项可以用来设置标签框中的文本字体大小。程序执行时如图 5 - 6 所示。

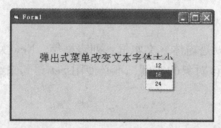

图 5 - 6　弹出式菜单

2. 设计多窗体切换的小程序，每个窗体上都有一个按钮，单击按钮时显示另外一个窗体，同时将本窗体隐藏。窗体切换效果如图 5 - 7 所示。

图 5 - 7　多窗体切换

3. 设计一个多文档界面的文本编辑器，该程序能打开、编辑和保存文本文件，能实现剪切、复制、粘贴等操作，还可以设置字体大小和颜色，改变窗体的排列位置及背景色等。程序界面如图 5 - 8 所示。

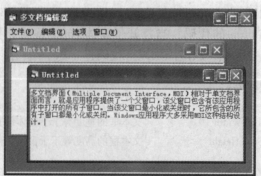

图 5 - 8　多文档编辑器

第6章 文件处理

6.1 任务12 替换顺序文件中的字符串

6.1.1 学习目的

1. 理解顺序文件的特点。
2. 掌握顺序文件的打开、存取和关闭操作。

6.1.2 工作任务

本任务要求替换顺序文件中的字符串。首先在文件中写入几行字符串，然后查找指定的字符串"QBASIC"，找到后并替换它。写入顺序文件 Readme. Dat 中的字符串见表 6-1。

表 6-1　Readme. Dat 中的字符串记录

序　号	字符串记录
第 1 行	" Program Language one:" , " QBASIC"
第 2 行	" Program Language two:" , " Pascel"
第 3 行	" Program Language three:" , " C"
第 4 行	" Program Language four:" , " VC"
第 5 行	" Program Language five:" , " FoxBase"

6.1.3 背景知识

1. 顺序文件

文件是指存储在外部介质上的数据集合，外部介质通常指磁盘、磁带、光盘等。文件以文件名来标识，由若干条记录组成，一个记录包含若干个数据项。通常情况下，计算机处理的大量数据都是以文件的形式存放在外部介质中。根据文件的存取形式文件可以分为顺序文件和随机文件。

顺序文件是一种普通的文本文件，顺序文件中记录写入和读取的顺序是一致的。顺序文件中记录写入和读取的顺序是一致的。也就是说，最先写入的记录存放在文件的最前面，第二次写入的记录存放在第一条记录的后面，最后写入的记录存放在文件的末尾。读取时也是先读取第一记录，直到最后一条记录，如果读取的是顺序文件的最后一条记录，也必须从第一条记录读取，依次把它前面的记录一一读取过。

顺序文件以 ASCII 码方式存放数据，适合于存放有规律、不经常修改的文件。为了提高效率，通常只在以下情况使用顺序文件。

（1）文件极少改动。

（2）从头到尾处理文件中的内容不需要经常跳转。

（3）只在文件结尾处添加内容。

2. Open 语句

在操作顺序文件之前，必须使用 Open 语句打开要操作的文件，其语法格式如下。

Open 文件名 For［Input｜Output｜Append］［Access access］As 文件号

其中，For 关键字指定文件打开方式：Input，Output 和 Append。

（1）Input 方式：指从所打开的文件中读取数据，该文件必须已经存在，否则会报错。

（2）Output 方式：指向文件写入数据。如果该文件原来有数据，则原有数据被覆盖。

（3）Append 方式：指向文件末尾添加数据，文件中的原有数据被保留。

提示：当以 Output 或 Append 方式打开一个不存在的文件时，Open 语句首先创建该文件，然后再打开它。在以 Input，Output 或 Append 方式打开一个文件后，在其他类型的操作重新打开它之前必须先使用 Close 语句关闭它。

Access 关键字，可选。说明打开的文件可以进行的操作模式，有 Read，Write 或 Read-Write。Read 模式，只能从文件中读取数据到内存；Write 模式，只能向文件写入数据；ReadWrite 模式，可读写，但只适用于 Append 方式打开文件。

文件号，其范围在 1～511 之间。使用 FreeFile 函数可得到下一个可用的文件号，如：

FileNumber% = FreeFile

Open FileName For Input As #FileNumber%

3. 向文件写入数据

向顺序文件中写入数据，要用 Output 方式或 Append 方式打开文件，VB 6.0 提供了向顺序文件中写入数据的语句，即 Print 语句和 Write 语句。

（1）Print 语句

用于将格式化的数据写入顺序文件中。其语法格式如下。

Print #文件号,［输出列表］

其中，"输出列表"参数可选，表示表达式或表达式列表。如果省略"输出列表"参数，则将一空行打印到文件中。多个表达式之间可用一个空格或一个分号隔开，空格与分号等效。"输出列表"参数设置如下。

［｛Spc(n)｜Tab［(n)］｝］［expression］［charpos］

其中的 Spc（n）用来在输出数据中插入空格字符，n 指要插入的空格字符数。Tab（n）用来将插入点定位在某一绝对列号上，n 是列号。使用无参数的 Tab 将插入点定位在下一个打印区的起始位置。expression 是要打印的数值表达式或字符串表达式。charpos 指定下一个字符的插入点。使用分号将插入点定位在上一个显示字符之后，使用逗号则每个字符串占据一个输出区，每个输出区为 14 个字符长。

如使用 Print 语句将数据写入文件，代码如下：

```
Open "D:\MyFile" For Output As #1        '打开输出文件
Print #1,"This is a test"                 '将文本数据写入文件
Print #1,                                 '将空格行写入文件
Print #1,"Zone 1";Tab;"Zone 2"           '数据写入两个区(print zones)
Print #1,"Hello";" ";"World"              '以空格隔开两个字符串
Print #1,Spc(5);"5 leading spaces"       '在字符串之前写入五个空格
Print #1,Tab(10);"Hello"                 '将数据写在第十列
Close #1                                  '关闭文件
```

再如下面的代码：

```
Open "D:\Readme. Dat" For Output As #3
S1 $ = " Visual"
S2 $ = " Basic"
S3 $ = "&"
S4 $ = " Computer"
Print #3,S1 $;
Print #3,S2 $;
Print #3,S3 $;
Print #3,S4 $
Close
```

执行以上代码后，则文件 Readme. Dat 的内容如下。

VisualBasic&Computer

三个字符串连续输出，说明分号的输出定位紧挨着上一个输出字符之后，如把分号改为逗号，每个字符串占据一个输出区。如下面的语句，即将 Print 语句改为：

```
Print #3,S1 $,
Print #3,S2 $,
Print #3,S3 $,
Print #3,S4 $
```

上面的语句执行后，则文件 Readme，Dat 的内容如下。

Visual   Basic   &   Computer

（2）Write 语句

用于将数据写入顺序文件。其语法格式如下。

Write #文件号,[输出列表]

其中，"输出列表"参数可选，表示要写入文件的数值表达式或字符串表达式，用一个或多个逗号将这些表达式分界。

与 Print 语句不同，当将数据写入文件时，Write 语句会自动插入逗号，没有必要在列表

中输入明确的分界符。Write 语句在将"输出列表"中的最后一个字符写入文件后会插入一个新行字符，即回车换行符：Chr（13）＋Chr（10）。

例如，使用 Write 语句将行数据写入顺序文件代码如下：

```
Open "D:\MyFile" For Output As #1          '打开输出文件
Write #1,"Hello World",234                 '写入以逗号隔开的数据
Write #1,                                  '写入空格行
Close #1                                   '关闭文件
```

再如下面的代码：

```
Open "D:\Readme. Dat" For Output As #3
S1 $ = " This is a Test about file output. "
S2 $ = " Visual "
S3 $ = " Basic "
S4 $ = " & "
S5 $ = " Computer"
Write #3,S1 $
Write #3,S2 $
Write #3,S3 $
Write #3,S4 $
Write #3,S5 $
Close
```

执行以上代码后，则文件 Readme，Dat 的内容如下。

```
"This is a Test about file output. "
"Visual "
"Basic "
"& "
"Computer"
```

一共写入了五条记录，每个记录包含一个用双引号括起来的字符串。

4. 从文件中读取数据

从顺序文件中读取数据，要用 Input 方式打开该文件，然后使用 Input 语句，Line Input 语句或 Input 函数将顺序文件的内容读取到计算机中。

（1）Input 语句

Input 语句从已打开的顺序文件中读出数据并将数据指定给变量。其语法格式如下。

```
Input #文件号,变量列表
```

其中，用逗号分界的变量列表，将文件中读出的值分配给这些变量，这些变量不可以是一个数组或对象变量。

文件中数据项目的顺序必须与变量列表的顺序相同，而且与相同数据类型的变量匹配。如果变量为数值类型而文件中数据项目不是数值类型，则变量值为零。

为了能够用 Input 语句将文件的数据正确读入到变量中，在将数据写入文件时，要使用

Write 语句而不是 Print 语句。使用 Write 语句可以确保将各个单独的数据域正确分隔开。

下面使用 Input 语句将文件内的数据读入两个变量中。假设 MyFile 文件内含数行以 Write 语句写入的数据，也就是说，每一行数据中的字符串部分都是用双引号括起来，而且各部分之间用逗号隔开，如（"Hello"，234）。

```
Dim MyString, MyNumber
Open App. Path + " \MyFile" For Input As #1        '打开输入文件
Do While Not EOF(1)                                '循环至文件尾
    Input #1, MyString, MyNumber                   '将数据读入两个变量
    Debug. Print MyString, MyNumber                '在立即窗口中显示数据
Loop
Close #1                                            '关闭文件
```

（2）Line Input 语句

Line Input 语句，从已打开的顺序文件中读出一行并将它分配给变量。其语法格式如下。

```
Line Input #文件号,变量
```

其中，变量为 String 或 Variant 类型。

Line Input 语句一次只从文件中读取一行信息，直到遇到回车符（Chr（13））或回车换行符（Chr（13）+ Chr（10））为止。回车换行符将被跳过，而不会被附加到字符串上。

下面的代码将逐行读取一个顺序文件，并将每行数据赋予一个变量。

```
Dim TextLine As String
Open "MyFile" For Input As #1        '打开文件
Do While Not EOF(1)                  '循环至文件尾
    Line Input #1, TextLine          '读入一行数据并将其赋予某变量
    Debug. Print TextLine            '在立即窗口中显示数据
Loop
Close #1                             '关闭文件
```

（3）Input 函数

Input 函数返回从文件中读取指定个数的字符。其语法格式如下。

```
Input(number,文件号)
```

其中，number 指定要返回的字符个数。

与 Input 语句不同，Input 函数返回它所读出的所有字符，包括逗号、回车符、空格列、换行符、引号和前导空格等。

下面的代码使用 Input 函数每次读取文件中的一个字符，并将它显示到立即窗口，一直到文件结束。

```
Dim MyChar As String
Open App. Path + " \MyFile" For Input As #1        '打开文件
Do While Not EOF(1)                                '循环至文件尾
    MyChar = Input(1,#1)                           '读入一个字符
    Debug. Print MyChar                            '显示立即窗口
```

```
        Loop
        Close #1                                                      '关闭文件
```

5. 向文件添加数据

如果在顺序文件的末尾添加数据，则用 Append 方式打开文件，原有的数据仍被保留，如下面的语句：

```
        Open "E:\Readme. Dat" For Append As #1
        MyTempStr $ = "新添加的字符串."
        Write #1, MyTempStr $
        Close #1
```

6. 关闭文件

当一个打开的文件不再使用时，要用 Close 语句关闭它。Close 语句的语法格式如下。

```
        Close [文件号列表]
```

若省略文件号列表，则将关闭 Open 语句打开的所有活动文件。

如关闭文件号为 10 的文件：

```
        Close #10
```

如关闭文件号为 1、10、100 的文件：

```
        Close #1,#10,#100
```

如关闭所有打开的活动文件，则使用下面的语句：

```
        Close          '省略文件号列表,关闭所有打开的活动文件
```

6.1.4 实现步骤

在窗体上添加两个命令按钮，分别用于向顺序文件写入字符串和完成替换操作，如图 6-1 所示。

图 6-1 替换顺序文件中的字符串程序设计界面

属性设置见表 6-2。

表 6-2 属性设置

对　象	名　称	属　性	设　置　值
窗体	Form1	Caption	替换顺序文件中的字符串
命令按钮 1	Command1	Caption	写入文件
命令按钮 2	Command2	Caption	替换

当用户单击"写入文件"按钮时，将表 6-1 中的 5 行字符串写入 Readme. Dat 顺序文件中，代码如下。

```
Private Sub Command1_Click( )
    Open App. Path + " \Readme. Dat" For Output As #1        '打开文件
    Write #1 ," Program Language one：" ," QBASIC"            '写入以逗号隔开的数据
    Write #1 ," Program Language two：" ," Pascel"
    Write #1 ," Program Language three：" ," C"
    Write #1 ," Program Language four：" ," VC"
    Write #1 ," Program Language five：" ," FoxBase"
    Close #1            '关闭文件
End Sub
```

此时文件 Readme. Dat 的内容如下。

```
" Program Language one：" ," QBASIC"
" Program Language two：" ," Pascel"
" Program Language three：" ," C"
" Program Language four：" ," VC" ,
" Program Language five：" ," FoxBase"
```

接着当用户单击"替换"按钮时，程序从 Readme. Dat 文件中找到"QBASIC"字符串，并以"Visual Basic"字符串替换之，代码中使用一个临时文件 Temp. Dat，在替换完成后，删除原来的文件，并将临时文件 Temp. Dat 重命名为 Readme. Dat。代码如下：

```
Private Sub Command2_Click( )                            '替换字符串
    Open App. Path + " \Readme. Dat" For Input As #1      '打开要替换的文件
    Open App. Path + " \TEMP. Dat" For Output As #2       '临时文件

    Do Until EOF(1)
    Input #1 ,Myfield1 ,MyField2                          '读取 Readme. Dat 中的字符串
        If MyField2 < > "QBASIC" Then
            Write #2 ,Myfield1 ,MyField2                  '如不相同,写入临时文件 Temp. Dat 中
        Else
            Write #2 ,Myfield1 ," Visual Basic"           '如相同,则替换为"Visual Basic"
        End If
    Loop
    Close                                                 '关闭所有文件

    Kill App. Path + " \Readme. Dat"                      '删除原来的文件
    '临时文件 Temp. Dat 重命名为 Readme. Dat
    Name App. Path + " \Temp. Dat" As App. Path + " \Readme. Dat"
End Sub
```

此时 Readme. Dat 文件的内容如下。

```
"Program Language one:","Visual Basic"
"Program Language two:","Pascel"
"Program Language three:","C"
"Program Language four:","VC"
"Program Language five:","FoxBase"
```

可见，该文件中的"QBASIC"字符串已被成功替换。

6.1.5　任务 12 小结

根据文件的存取形式文件可以分为顺序文件和随机文件。顺序文件中记录写入和读取的顺序是一致的。使用顺序文件前都要用 Open 语句打开它，打开文件有三种方式：Output，Input 和 Append。向顺序文件中写入数据，要用 Output 方式或 Append 方式打开文件，VB 6.0 提供了向顺序文件中写入数据的语句，即 Print 语句和 Write 语句。从顺序文件中读取数据，要用 Input 方式打开该文件，然后使用 Input 语句，Line Input 语句或者 Input 函数将顺序文件的内容读取到计算机中。顺序文件操作结束后，要用 Close 语句关闭。

6.2　任务 13　合并随机文件

6.2.1　学习目的

1. 理解随机文件的特点。
2. 掌握随机文件的打开、存取和关闭操作。

6.2.2　工作任务

假设有两个随机文件 MyRan1. txt 和 MyRan2. txt，把这两个随机文件合并到一个随机文件中。这两个随机文件的记录类型相同，都是用户自定义类型 Stu，如下：

```
Type Stu          '定义用户自定义类型
    ID As Integer
    Name As String * 20
End Type
```

6.2.3　背景知识

随机文件中，每一行称为一条记录。所有记录等长，且各数据项的长度固定。整个随机文件相当于一个二维表，可以通过记录号（行号）来定位查找指定的记录。随机文件的读写速度较快，有着比顺序文件更高的存取效率。与顺序文件不同，随机文件中各记录的写入顺序、排列顺序和读取顺序一般是不一致的。也就是说，先写入的记录不一定排列在前面，排在前面的记录也不一定被先读取。

1. 随机文件的打开和关闭

在打开一个随机文件之前，应定义一个类型，该类型对应于该文件包含的记录。例如，一个雇员记录文件可定义一个名为 Person 的用户自定义类型，如下所示：

```
Type Person
    ID                As Integer
    MonthlySalary     As Currency
    LastReviewDate    As Long
    FirstName         As String * 15
    LastName          As String * 15
    Title             As String * 15
    ReviewComments    As String * 150
End Type
```

打开随机文件也要用到 Open 语句，只不过要指定打开文件的方式为 Random，同时还要指定记录的字节长度。其语法格式如下：

Open 文件名 [For Random] As 文件号 Len = 记录长度

下面的语句打开一个名为 Employee. Dat 的随机文件，文件号为 1，记录长度为 30。

Open "C:\Employee. Dat" For Random As #1 Len = 30

使用完随机文件之后，与顺序文件一样，也要用 Close 语句关闭。

2. Put 语句

Put 语句用于将一个变量的数据写入随机文件中。其语法格式如下：

Put #文件号,[记录号],变量名

其中，记录号可选，指明在此处开始写入，如果省略，则从紧随上一个 Put 语句的写入位置后开始写入记录；变量名必需，包含要写入文件的变量名。

例如，如下语句表示将变量 Employee1 中的数据写入在文件号为 1 的第 2 条记录去。

Put #1,2,Employee1

下面的代码使用 Put 语句将用户自定义类型 Record 的记录写入随机文件 MyRan. Dat 中。首先，在通用部分定义 Record 用户类型：

```
Private Type Record          '定义用户自定义类型
    ID As Integer
    Name As String * 20
End Type
```

然后，在命令按钮 Command1 的单击事件中输入以下代码：

```
Private Sub Command1_Click( )
    Dim MyRecord As Record                          '声明记录变量
```

```
Dim RecordNumber As Integer                          '声明变量

'以随机访问方式打开文件
Open "E:\MyTemp\MyRan. Dat" For Random As #1 Len = Len( MyRecord)
For RecordNumber = 1 To 5                            '循环五次
    MyRecord. ID = RecordNumber                      '定义 ID
    MyRecord. Name = "My Name" & RecordNumber        '建立字符串
    Put #1 , RecordNumber , MyRecord                  '将记录写入文件中
Next RecordNumber
Close #1                                             '关闭文件
End Sub
```

3. Get 语句

Get 语句用于将一个已打开的磁盘文件读入一个变量之中，其语法格式如下：

```
Get #文件号,[记录号],变量名
```

其中，记录号可选，以表示在此处开始读出数据。若省略则会读出紧随上一个 Get 之后的下一个记录；变量名必需，将读出的数据放入其中。

例如，如下语句表示从文件号为 1 的第 2 条记录读取记录存放在变量 Employee1 中：

```
Get #1 ,2 , Employee1
```

下面的代码使用 Get 语句从刚才建立包含五个用户自定义类型 Record 的随机文件 MyRan. Dat 中读取数据。

首先在通用部分定义用户自定义的数据类型 Record：

```
Private Type Record                    '定义用户自定义类型
    ID As Integer
    Name As String * 20
End Type
```

然后在命令按钮 Command1 的单击事件中输入以下代码：

```
Private Sub Command1_Click()
    Dim MyRecord As Record , Position          '声明变量
    Label1. Caption = ""                       '清空用于显示记录的标签标题
    '为随机访问打开样本文件
    Open "E:\MyTemp\MyRan. Dat" For Random As #1 Len = Len( MyRecord)
    '使用 Get 语句来读样本文件
    Position = 3                               '定义记录号
    Get #1 , Position , MyRecord               '读第三个记录
    Label1. Caption = Str $( MyRecord. ID) + MyRecord. Name
    Close #1                                   '关闭文件
End Sub
```

4. Seek 函数

Seek 函数用于返回一个 Long 型数据，指出在 Open 语句打开的文件中当前的读/写位置。其语法格式如下。

Seek(文件号)

其中，Seek 函数对各种文件访问方式的返回值见表 6 – 3。

表 6 – 3　Seek 函数的返回值

文件访问方式	Seek 函数的返回值
Random	下一个读出或写入的记录号
Binary,Output,Append,Input	下一个操作将要发生时所在的字节位置。文件中的第一个字节位于位置 1，第二个字节位于位置 2，依次类推

下面的代码使用 Seek 函数来返回当前文件的读/写位置，假设 MyRan. Dat 文件内含有用户自定义类型 Stu 的记录。

```
Type Stu                '定义用户自定义类型
    ID As Integer
    Name As String * 20
End Type
```

如果以随机方式打开文件，Seek 函数返回下一个记录的编号。

```
Dim Stu1 As Stu                        '声明变量
Open "E:\MyRan. Dat" For Random As #1 Len = Len(Stu1)
Do While Not EOF(1)                    '循环至文件尾
    Get #1 , ,Stu1                      '读入下一个记录
    Debug. Print Seek(1)               '在立即窗口中显示记录号
Loop
Close #1                                '关闭文件
```

如果不是以 Random 方式打开文件，则 Seek 函数返回下一个操作会发生的位置。

```
Dim MyChar
Open "E:\MyText. Dat" For Input As #1    '打开输入文件
Do While Not EOF(1)                      '循环至文件尾
    MyChar = Input(1,#1)                  '读入下一个字符
    Debug. Print Seek(1)                 '将下一字符的位置显示在立即窗口
Loop
Close #1
```

6.2.4　实现步骤

在窗体上添加三个命令按钮，设计好的程序界面如图 6 – 2 所示。

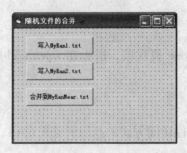

图 6-2 随机文件的合并的程序设计界面

属性设置见表 6-4。

表 6-4 属性设置

对　象	名　称	属　性	设　置　值
窗体	Form1	Caption	随机文件的合并
命令按钮 1	Command1	Caption	写入 MyRan1. txt
命令按钮 2	Command2	Caption	写入 MyRan2. txt
命令按钮 3	Command3	Caption	合并到 MyRanMear. txt

下面进行代码的编写，首先在窗体的通用部分定义自定义类型 Record，并声明 Record 类型的变量 MyRecord 和用于保存记录号的整型变量 RecordNumber。

```
Private Type Stu                    '定义用户自定义类型
    ID As Integer
    Name As String * 20
End Type
Dim Stu1 As Stu                     '声明记录变量
Dim RecordNumber As Integer         '声明变量
```

命令按钮 Command1 的单击事件把 Stu 类型的 5 条记录写入随机文件 MyRan1. txt 中。

```
Private Sub Command1_Click( )
    '以随机访问方式打开文件
    Open App. Path + "  \MyRan1. txt" For Random As #1 Len = Len( Stu1 )
    For RecordNumber = 1 To 5                    '循环五次
        Stu1. ID = RecordNumber                  '定义 ID
        Stu1. Name = "My Name" & RecordNumber    '建立字符串
        Put #1 , RecordNumber , Stu1             '将记录写入文件中
    Next RecordNumber
    Close #1                                     '关闭文件
End Sub
```

命令按钮 Command2 的单击事件 Command2_Click，同样把 Stu 类型的 5 条记录写入随机文件 MyRan2. txt 中。

```
Private Sub Command2_Click( )
    '以随机访问方式打开文件
```

```
    Open App. Path + " \MyRan2. txt" For Random As #2 Len = Len(Stu1)
    For RecordNumber = 1 To 5                    '循环五次
       Stu1. ID = RecordNumber                   '定义 ID
       Stu1. Name = " My Name" & RecordNumber    '建立字符串
       Put #2, RecordNumber, Stu1                '将记录写入文件中
    Next RecordNumber
    Close #2                                     '关闭文件
  End Sub
```

命令按钮 Command3 的单击事件 Command3_Click，完成把 MyRan1. txt 和 MyRan2. txt 这两个随机文件的合并。

```
    Private Sub Command3_Click( )
    Open App. Path + " \MyRan1. txt" For Random As #1 Len = Len(Stu1)
    Open App. Path + " \MyRan2. txt" For Random As #2 Len = Len(Stu1)
    Open App. Path + " \MyRanMear. txt" For Random As #3 Len = Len(Stu1)

    RecordNumber = 1
    Do While Not EOF(1)
       Get #1, , MyRecord. Name                  '读取 1 号文件
       Put #3, RecordNumber, Stu1. Name          '写入 3 号文件
       RecordNumber = RecordNumber + 1           '记录号递增
    Loop

    Do While Not EOF(2)
       Get #2, , MyRecord. Name                  '读取 2 号文件
       Put #3, RecordNumber, Stu1. Name          '写入 3 号文件
       RecordNumber = RecordNumber + 1           '记录号递增
    Loop
    Close                                        '关闭所有已经打开的文件
  End Sub
```

值得注意的是，要合并的随机文件的记录类型应该相同。

6.2.5　任务 13 小结

随机文件同顺序文件一样都要用 Open 语句打开它，只不过要指定打开文件方式为 Random。向随机文件写入数据用 Put 语句，从随机文件中读取数据用 Get 语句，随机文件操作结束后，需要用 Close 语句关闭文件。

练习

1. 分别用 Print 和 Write 语句向文件 MyFile1. txt 和 MyFile2. txt 中写入下面两行数据，并打开文件查看不同。

2008/1/10 扫描开始

2008/1/11 扫描结束

2. 选择合适的语句打开前面第 1 小题中的两个文件，从文件中读取数据并在 Debug 窗口中显示出来。

3. 设计一个用户登录程序，用户名和密码都存放在顺序文件 Password. txt 中，如以下格式的内容。

  "Admin" , "123456"

  "user1" , "123"

  "user2" , "456"

当用户输入用户名和密码时，打开 Password. txt 文件，并与之对比，如果相同，显示提示信息 "登录成功"；反之，显示提示信息 "非法用户"，如图 6 - 3 所示。

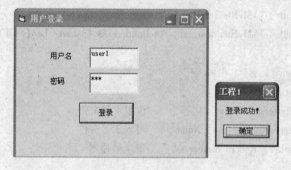

图 6 - 3 用户登录

4. 新建一个随机文件 File1. Dat，并向文件中写入用户自定义类型 Student 的数据。

```
Type Student
    ID As Integer
    Name As String * 15
    Address As String * 20
End Type
```

5. 打开上面第 4 小题中已经写入的随机文件 File1. Dat，完成下面的操作：

（1）读取第 60 行数据，并显示在文本框中；

（2）读取所有数据，并显示在文本框中。

程序执行结果如图 6 - 4 所示。

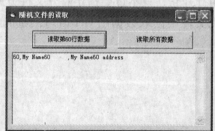

图 6 - 4 随机文件的读取

第 7 章　ActiveX 控件

7.1　任务 14　简易记事本

7.1.1　学习目的

1. 熟练掌握状态栏、工具栏、图像列表等常用 ActiveX 控件的使用。
2. 掌握使用 ActiveX 控件设计程序的方法。

7.1.2　工作任务

设计一个简易记事本程序，该程序可以打开、保存文本文件，实现复制、粘贴、剪切等编辑操作，还可以改变字体和颜色。

7.1.3　背景知识

1. ActiveX 控件

VB 6.0 中的控件主要有三种类型：标准控件、ActiveX 控件和可插入的对象。

标准控件，又称内部控件，这些控件出现在工具箱中，可以直接使用。如命令按钮、文本框和图片框等。

ActiveX 控件是 Microsoft 公司提供的一种建立在控件对象模型（COM）基础之上的技术，ActiveX 控件可以由系统提供，也可以由第三方公司提供，还可以由用户自己开发。在 VB 6.0 编程中使用 ActiveX 控件来扩充系统功能，当程序中加入 ActiveX 控件后，就成为开发和运行环境的一部分。ActiveX 控件的文件后缀为 ".OCX"。

可插入的对象可以使用户在 VB 6.0 的应用程序中使用其他程序对象，如 Microsoft Excel 工作表对象，Microsoft Word 对象等。

ActiveX 控件数量众多，在使用 ActiveX 控件之前，要先将其从"工程"菜单中的"部件"对话框中添加到工具箱中。本章介绍 "Microsoft Windows Common Control 6.0" 中的几个常用 ActiveX 控件，对于其他的 ActiveX 控件，读者可以查阅有关技术文档。

2. 状态栏

状态栏控件可以用来显示应用程序的运行状态，它由若干个窗格（Panel）构成，最多可以包含 16 个窗格对象，每个窗格对象可以显示一个图像和文本。状态栏的主要于显示数据库表的有关情况，如记录总数，以及当前记录在数据库中的位置；还可以显示关于 RichTextBox 控件的文本和字体状态的信息以及键盘状态等（如 Caps Lock 或 Number Lock 等）。

（1）状态栏控件的常用属性

SimpleText 属性：当 Style 属性设置为 Simple 时，用来显示文本。

Panel 属性：返回对 Panel 对象集合的引用。一旦创建了 Panel 对象，并设置了对象变量引用该新创建的对象，就可以设置该 Panel 的各种属性，如以下代码所示。

```
With Panel1
    . Text = Drive1. Drive
    . Picture = LoadPicture( "a. bmp" )
    . Key = "drive"
End With
```

AutoSize 属性：适用于 Panel 属性对象，当调整了 StatusBar 控件的大小以后，设置 Panel 对象宽度，其语法格式如下：

object. AutoSize [= number]

其中，number 的设置值见表 7－1。

表 7－1　number 的设置值

常　量	值	说　　明
sbrNoAutoSize	0	默认，没有自动调整大小。Panel 的宽度总是并且准确地由 Width 属性指定
sbrSpring	1	弹回，当父窗体调整大小并且有附加的可用空间时，所有具有这种设置的父窗体划分空间并相应地增长。但是，创格的宽度绝不会低于 MinWidth 属性指定的宽度
sbrContents	2	目录，调整 Panel 大小以适合它的内容，但是它的宽度绝不会低于 MinWidth 属性指定的宽度

提示：设置为 sbrContents 的 Panel 对象优先于 sbrSpring 的 Panel 对象，这就意味着如果 sbrContents 样式的 Panel 需要空间，则将缩短 sbrSpring 样式的 Panel。

ShowTips 属性：决定是否显示对象的工具提示。

Style 属性：设置 StatusBar 控件的样式。默认设置为 0-sbrNormal，即正常样式，StatusBar 控件显示所有的 Panel 对象；设置为 1-sbrSimple，简单样式，此时仅显示一个大的窗格，可能用 SimpleText 属性设置要显示的字符串文本，不能通过窗格集合来控制窗格。

（2）状态栏控件的常用事件

PanelClick 事件：类似于标准的 Click 事件，但 PanelClick 事件是在 StatusBar 控件的任何一个 Panel 对象上单击，释放鼠标按键时出现。当 StatusBar 控件的 Style 属性设置为 Simple 样式时，此时不触发 PanelClick 事件。

提示：如果希望在单击了特定的窗格对象时作出响应，则一定要设置该窗格的 Key 属性。由于 Key 属性是唯一的，所以可以用它来标识特定的窗格。

下面的代码在 PanelClick 事件中使用 Select Case 语句，该事件包含的一个参数（panel

参数）能够指出发生单击的 Panel 对象，代码如下。

```
Private Sub sbrDB_PanelClick( ByVal Panel As Panel)
    Select Case Panel. Key
    Case "loginuser"
        Panel. Text = username            'username 为登录用户名变量
    Case "recordcount"
        Panel. Text = rs. RecordCount     '显示记录条数,rs 为记录集
    Case Else
    '处理其他情况
    End Select
End Sub
```

PanelDblClick 事件：类似于标准的 DblClick 事件，但 PanelDblClick 事件是两次在 StatusBar 控件的 Panel 对象上单击，释放鼠标按键时出现。同样，当 StatusBar 控件的 Style 属性设置为 Simple 样式时，也不触发 PanelDblClick 事件。

3. 工具栏

工具栏（ToolBar）控件是按钮对象的集合。工具栏控件也包含在 "Microsoft Windows Common Control 6.0" 中。

工具栏中的按钮可以用来与应用程序菜单中的常用菜单项相对应，方便用户操作。工具栏上的每个按钮对象由 Image 属性加载一幅图像，或用 Caption 属性显示文本，或二者都提供。其中要加载的图像由相关联的 ImageList 控件提供。在设计时可用 Toolbar 控件的属性页将 Button 对象添加到控件中。在运行时可用 Add 和 Remove 方法添加按钮或从 Buttons 集合中删除按钮。

ToolBar 控件有一些样式常数，决定 ToolBar 控件中的 Button 对象不同外观，见表 7 - 2。

表 7 - 2　ToolBar 控件的样式常数

样式常数	值	说　　明
TbrDefault	0	普通按钮，单击按钮时，按钮被按下，松开后复原
TbrCheck	1	复选按钮
TbrButtonGroup	2	直到同组中另一个按钮被按下之前，按钮都保持被按下的状态。在任何时刻，该组中都只有一个按钮被按下
TbrSeparator	3	一个有固定的 8 个像素宽度的分隔符
TbrPlaceholder	4	分隔符，但具有可设置的宽度
TbrDropdown	5	下拉按钮

（1）工具栏控件的常用属性

AllowCustomize 属性：逻辑值，设置用户是否可用 "自定义工具栏" 对话框进行自定义。

Buttons 属性：返回对 Toolbar 控件的 Button 对象集合的引用。

ImageList 属性：设置与另一控件相关的 ImageList 控件。

提示：工具栏控件要使用 ImageList 属性，必须先将 ImageList 控件放在窗体上。然后在设计时，可在相关控件的"属性页"对话框中设置图像列表 ImageList 属性。

HotImageList 属性：设置 ImageList 控件的"热点"图像。所谓"热点"图像，指当光标停留在一个可单击的位置时显示的图像，并且 Style 属性设置为 tbrTransparent。

DisabledImageList 属性：设置按钮无效时的 ImageList 控件。但要注意赋值给 DisabledImageList 属性的 ImageList 控件中的图像必须与赋值给 ImageList 属性的 ImageList 控件中的图像大小相同。

ToolBar 控件的 Button 对象只能为每一个按钮显示一个图像。运行时，它首先决定应该如何绘制按钮，是按正常、"热点"还是无效，然后使用唯一的 Image 属性作为关键字，使用相应的图像列表（ImageList，DisabledImageList 或 HotImageList）中的图像。三个图像列表中相关图像的命名必须一致，只有这样 Toolbar 控件才能找出正确的图像。如果一个按钮使用了所有三类图像，则三个图像的每一个在其各自的图像列表中必须定义与另外两个图像相同的 Index，或相同的 Key。

提示：将 Toolbar 控件的 Enabled 属性设置为 False 将不会显示 DisabledImageList 所包含的图像。只有将 Toolbar 控件的 Button 对象的 Enabled 属性设置为 False 才从 DisabledImageList 显示一个图像。

（2）工具栏控件的常用方法

Customize 方法：用于调用"自定义工具栏"对话框，该对话框允许用户隐藏、显示或重新安排工具栏上的按钮。双击工具栏后就会调用 Customize 方法，而该方法将调用对话框。如下面的代码通过验证后可以打开"自定义工具栏"对话框。

```
Private Sub Command1_Click()
    If InputBox("Password:") = "123456" Then        '只有密码相同才调用
        Toolbar1. Customize        '调用 Customize 方法，打开"自定义对话框"
    End If
End Sub
```

另如，AllowCustomize 属性设置为 True，双击 ToolBar 控件也可打开"自定义工具栏"。

（3）ToolBar 控件的常用事件

ButtonClick 事件：当用户单击 Toolbar 控件内的 Button 对象时发生。

下面的代码在 ButtonClick 事件中用 Button 对象的 Key 属性来确定合适的动作。

```
Private Sub Toolbar1_ButtonClick(ByVal Button As Button)
    Select Case Button. Key
    Case "Open"                'Key 属性为 Open
        CommonDialog1. ShowOpen
    Case "Save"                'Key 属性为 Save
        CommonDialog1. ShowSave
    End Select
End Sub
```

同 StatusBar 一样，ToolBar 的属性也可以在"属性页"对话框中进行设置。

4. 图像列表

图像列表（ImageList）控件，前面在介绍工具栏（ToolBar）控件时就已经使用过。Image-List 控件作为图像的储藏室，它需要其他控件显示所存储的图像。其他控件可以是任何能显示 Picture 对象的控件，如 ListView，ToolBar，TabStrip，ImageCombo 和 TreeView 等。为了与这些控件一同使用 ImageList，必须通过一个适当的属性将特定的 ImageList 控件绑定到第二个控件。对于 ListView 控件，必须设置其 Icons 和 SmallIcons 属性为 ImageList 控件。对于 TreeView，TabStrip，ImageCombo 和 Toolbar 控件，必须设置 ImageList 属性为 ImageList 控件。

设计时，可以在 ImageList 控件的"属性"对话框中，通过"图像"选项卡来添加图像。运行时，可以用 Add 方法给 ListImages 集合添加图像。

一旦 ImageList 与某个 Windows 通用控件相关联，就可以在过程中用 Index 属性或 Key 属性的值来引用 ListImage 对象了。

同样，ImageList 控件的属性设置也可以在"属性页"对话框中进行。

提示： ImageList 控件的索引值从 1 开始。单击"删除图片"会删除已插入的图像，同时索引值自动减 1。

7.1.4 实现步骤

本程序主要使用了文本框、菜单、工具栏、状态栏、通用对话框和图像列表控件。其中，工具栏（ToolBar）、状态栏（StatusBar）和图像列表（ImageList）是重点要学习的内容。

在设计程序之前，首先选择"工程"菜单中的"部件"，打开"部件"对话框，添加这些 ActiveX 控件。在"部件"对话框中选择"Microsoft Windows Common Control 6.0"，将其添加到工具箱中。这时可以看到工具箱中增加了工具栏（ToolBar）、状态栏（StatusBar）、进度条（ProgressBar）、图像列表（ImageList）和滑块（Silder）等 9 个控件。然后将所需要的控件拖放到窗体上，可以看到工具栏（ToolBar）控件自动停靠在窗体顶部，紧贴着菜单，而状态栏（StatusBar）控件则自动停靠在窗体底部。

窗体上各个控件的基本属性设置见表 7 – 3。

表 7 – 3 属性设置

控 件	名 称	属 性	设 置 值
窗体	Form1	Caption	简易记事本
文本框	Text1	MultiLine	True
		ScrollBars	2 - Vertical
工具栏	ToolBar1	ImageList	ImageList1
图像列表	ImageList1		
状态栏	StatusBar1	Style	1 - sbrSimple

其中，菜单设置见表 7 – 4。

表 7 –4　菜单设置

标　题	名　称	快　捷　键
文件	mnuFile	
…. 打开	mnuOpen	Ctrl + O
…. 保存	mnuSave	Ctrl + S
…. –	mnuBar	
…. 退出	mnuExit	Ctrl + Q
编辑	mnuEdit	
…. 复制	mnuCopy	Ctrl + C
…. 剪切	mnuCut	Ctrl + X
…. 粘贴	mnuPaste	Ctrl + V
格式	mnuStyle	
…. 字体	mnuFont	Ctrl + F
…. 颜色	mnuColor	Ctrl + Y

　　选中 ImageList1 控件后，右击，在弹出菜单中选择"属性"选项，打开"属性页"对话框。接着选择"图像"选项卡，这些图像不宜太大，这里选用后缀为"GIF"的 8 个图像文件。添加图像时其索引值自动从 1 开始。添加图像完成后的顺序如图 7 – 1 所示。

图 7 – 1　设置好的"图像"选项卡

　　提示：在 ImageList1 控件中添加图像时，可先准备若干个图片文件，放在程序主目录下的 ICO 文件夹下。
　　接着，对于 ToolBar1 控件，同样打开"属性页"对话框，先将图像列表属性设置为"ImageList1"，如图 7 – 2 所示。接着在"按钮"选项卡中添加按钮，分别设置标题、关键字、提供文本等信息，包括各个按钮的图像属性。如图 7 – 3 中的索引值为 11 的按钮的图像属性设置为 4，这样该按钮就可以与 ImageList1 中的索引为 4 的图像联系起来了。
　　工具栏上的各个按钮设置见表 7 – 5。

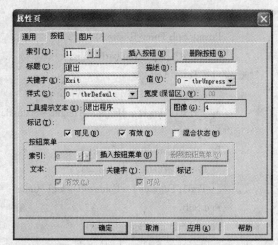

图 7-2　设置 ToolBar 控件的图像列表属性　　　　图 7-3　设置 ToolBar 控件的图像列表属性

表 7-5　在工具栏上添加的按钮

索　引	标　题	关 键 字	样　式	工具提示文本	图　像
1	打开	Open	0-tbrDefault	打开文件	6
2	保存	Save	0-tbrDefault	保存文件	8
3			3-tbrSeparator		0
4	复制	Copy	0-tbrDefault	复制	2
5	剪切	Cut	0-tbrDefault	剪切	3
6	粘贴	Paste	0-tbrDefault	粘贴	7
7			3-tbrSeparator		0
8	字体	Font	0-tbrDefault	设置字体	5
9	颜色	Color	0-tbrDefault	设置颜色	1
10			3-tbrSeparator		0
11	退出	Exit	0-tbrDefault	退出程序	4

对于 StatusBar1 控件，设置 Style 属性为 1-sbrSimple 时，此时显示为单窗格。在程序中可以使用 SimpleText 属性设置显示文本。设置状态栏的属性也可以通过"属性页"对话框设置，既可以添加 Panel 对象，也可以设置每个窗格的各种属性。对话框中的"索引"是窗格的序号，从 1 开始。单击一次"插入"按钮，将加入一个新的窗格，单击一次"删除窗格"按钮，将删除一个窗格。

设计好的程序界面如图 7-4 所示。

程序代码如下：

图 7-4　简易记事本

```
      Dim fname As String                    '保存文件名称
      Private Sub Form_Resize()
          Text1. Top = Toolbar1. Height
          Text1. Left = 0
          Text1. Width = Me. ScaleWidth
          Text1. Height = Me. ScaleHeight – StatusBar1. Height – Toolbar1. Height
      End Sub
      Private Sub mnuColor_Click()            '设定颜色
         CommonDialog1. Action = 3
          Text1. ForeColor = CommonDialog1. Color    '设置文本框的字体颜色(前景色)
      End Sub
      Private Sub mnuCopy_Click()
          Clipboard. SetText Text1. SelText         '复制到剪切板
      End Sub
      Private Sub mnuCut_Click()
          Clipboard. SetText Text1. SelText ,1       '复制到剪切板
          Text1. SelText = " "                       '清空选中的内容
      End Sub
      Private Sub mnuExit_Click()              '退出
          End
      End Sub
      Private Sub mnuFont_Click()              '设置字体
         With CommonDialog1
          . Flags = 1                          '屏幕字体
          . Action = 4                         '指定为字体对话框
          Text1. FontName = . FontName          '字体名称
          Text1. FontSize = . FontSize          '字体大小
          Text1. FontBold = . FontBold          '粗体
          Text1. FontItalic = . FontItalic      '斜体
          Text1. FontUnderline = . FontUnderline  '下划线
          Text1. FontStrikethru = . FontStrikethru  '着重号
         End With
      End Sub
      Private Sub mnuOpen_Click()
          Dim line As String
          Text1. Text = " "
          CommonDialog1. Action = 1            '打开文件
          If CommonDialog1. FileName < > " " Then
             fname = CommonDialog1. FileName
             Open fname For Input As #1
             StatusBar1. SimpleText = fname      '在状态栏上显示文件名
             Do While Not EOF(1)
                Line Input #1 ,line
```

```
            Text1. Text = Text1. Text + line + vbCrLf
        Loop
        Close #1
    End If
End Sub
Private Sub mnuPaste_Click( )                    '从剪切板中获取文本
    Text1. SelText = Clipboard. GetText( )
End Sub
Private Sub mnuSave_Click( )
    CommonDialog1. Action = 1                    '保存文件
    If CommonDialog1. FileName ＜ ＞ " " Then
        fname = CommonDialog1. FileName
        StatusBar1. SimpleText = fname           '在状态栏上显示文件名
        Open fname For Output As #1
        Print #1 , Text1. Text ,
        Close #1
    End If
End Sub
Private Sub Toolbar1_ButtonClick( ByVal Button As MSComctlLib. Button)
    Select Case Button. Key
    Case " Open" : mnuOpen_Click
    Case " Save" : mnuSave_Click
    Case " Copy" : mnuCopy_Click
    Case " Cut" : mnuCut_Click
    Case " Paste" : mnuPaste_Click
    Case " Font" : mnuFont_Click
    Case " Color" : mnuColor_Click
    Case " Exit" : mnuExit_Click
    End Select
End Sub
```

7.1.5　任务 14 小结

　　VB 6.0 中的控件主要有三种类型：标准控件、ActiveX 控件和可插入的对象。常用的 ActiveX 控件如 StatusBar、ToolBar 和 ImageList 控件都在 " Microsoft Windows Common Control 6.0" 中。其中 ImageList 控件可以为其他控件提供图像资源，不单独使用。对于 ActiveX 控件，基本都有 "属性页" 对话框，通过 "属性页" 对话框可以设置控件的大多数属性。

练习

　　1. 设计一个小程序，在状态栏上有 2 个窗格，分别用来显示系统当前时间和日期。程序执行界面如图 7 - 5 所示。

2. 设计一个小程序，单击"显示"命令按钮启动进度条，该进度条在 5 秒钟内长度由 Min 变成 Max（0～100），程序执行界面如图 7 - 6 所示。（其中，进度条（ProgressBar）控件在"Microsoft Windows Common Control 6.0"中）

图 7 - 5   状态栏练习   图 7 - 6   进度条练习

3. 设计一个小程序，单击"显示"命令按钮时，在 ListView 控件中显示带有图标的名单数据信息，选中某一个项后弹出显示人名信息的消息框；单击"清空"按钮时，能够把 ListView 控件中所有项目清空。程序执行界面如图 7 - 7 所示。（其中，列表视图（ListView）控件在"Microsoft Windows Common Control 6.0"中）

图 7 - 7   ListView 控件练习

第8章 数据库程序设计

8.1 任务15 浏览图书资料

8.1.1 学习目的

1. 理解数据库概念。
2. 熟练掌握可视化数据管理器的使用。
3. 掌握用 Data 控件链接数据库和用数据感知控件显示数据的方法。

8.1.2 工作任务

设计一个浏览图书资料信息的程序，程序启动后自动显示第一条记录，用户可以通过单击"上一个"、"下一个"、"第一个"和"最后一个"按钮移动记录。当浏览到第一条记录时"上一个"按钮失效；当浏览到最后一条记录时"下一个"按钮失效。

要求利用可视化数据管理器（Visdata）新建一个 Microsoft Access 类型的数据库，用于存储图书资料信息，并且使用 DATA 控件来浏览记录。

8.1.3 背景知识

1. 数据库

数据库就是按一定方式组织、存储和处理的具有相互关系的数据集合，它是由一个或多个表和其他对象组成。目前常用的数据库大多是以表格形式表现的关系型数据库。

VB 6.0 中可以访问的数据库类型有 Access，MS SQL Server、DB2 和 Oracle 数据库等。VB 6.0 提供了多种访问数据库的方法，如使用 Data 控件、ADO 数据控件、RDO、ODBC 等。

其中，使用 Data 控件最方便，不需要复杂编程就可以读取数据库中的数据。而其他访问数据库的方式，如 ADO，RDO 和 ODBC 等则提供了全面控制数据库编程的方式，在编写复杂的数据库应用程序时，使用这些访问数据库的方式将使程序更灵活、性能更好。

2. 可视化数据管理器

VisData 可以创建数据库、建立表、建立索引、添加或编辑数据等。下面以建立一个通讯录数据库为例。首先在可视化数据管理器的"文件"菜单中依次选择"新建"，"Microsoft Access"，"Version 7.0 MDB"，在随后打开的"保存"对话框中输入数据库的文件名 Tel.mdb。

数据库建立后，就会出现"数据库窗口"和"SQL 语句"窗口，如图 8-1 所示。

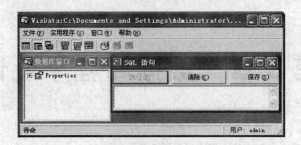

图 8-1　"数据库窗口"和"SQL 语句"窗口

接着在 Tel 数据库中建立一张表。在"数据库窗口"的空白处单击鼠标右键，在弹出菜单中选择"新建表"，出现"表结构"对话框，如图 8-2 所示。

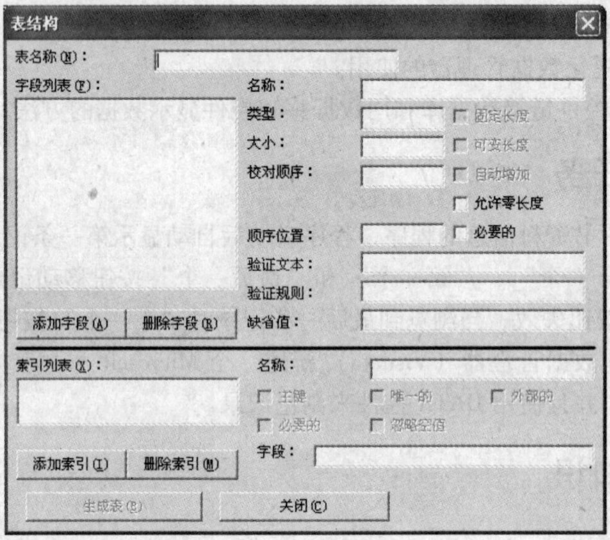

图 8-2　"表结构"对话框

在"表结构"对话框中输入表名称 TelBook，单击"添加字段"按钮，打开"添加字段"对话框，如图 8-3 所示。

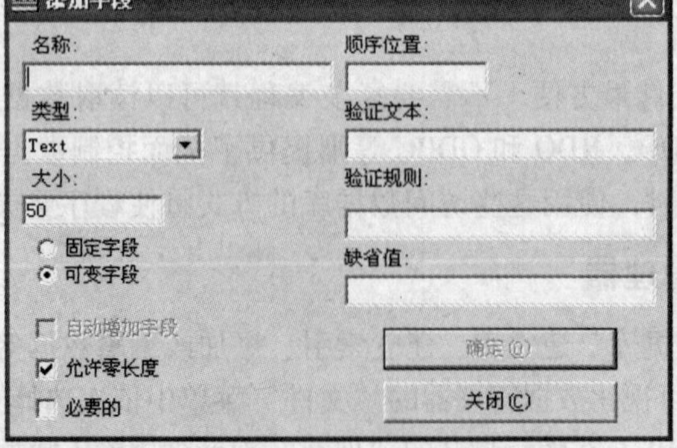

图 8-3　"添加字段"对话框

设置 TelBook 表中的字段，具体设置见表 8 – 1。

表 8 – 1　TelBook 表的字段

名　称	类　型	大　小	说　明
Name	Text	20	姓名
Address	Text	50	地址
Telephone	Text	20	电话
E-Mail	Text	20	电子邮件

字段添加完毕后，接着添加 TelBook 表中的索引，索引的主要目的是为了提高查询速度。单击"表结构"对话框中的"添加索引"按钮，在弹出的"添加索引"对话框中，输入索引名称 IndexName，在"可用字段"列表中选择 Name 字段，可以看到 Name 字段出现在"索引的字段"列表中，并指定"主要的"和"唯一的"复选框，最后单击"确定"按钮。

至此，完成了 Tel 数据库的 TelBook 表结构定义。

接着添加 TelBook 表中的数据。在"数据库窗口"中的空白处用鼠标右键单击 TelBook 表，在弹出菜单中选择"打开"命令，出现如图 8 – 4 所示的窗口，窗口的上部有 8 个命令按钮，可以分别对 TelBook 表中的数据进行添加、编辑、删除等操作。

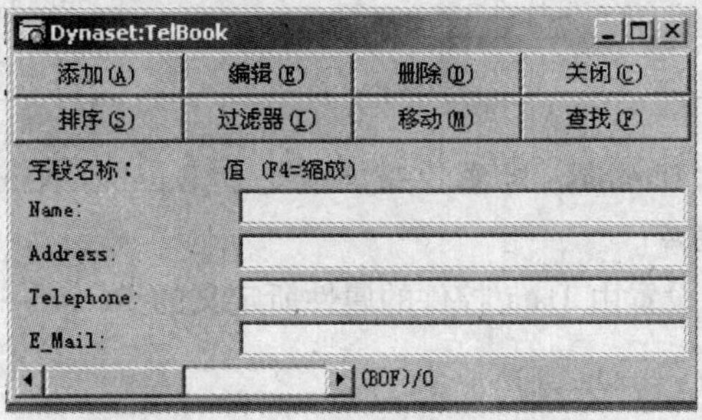

图 8 – 4　Dynaset：TelBook 窗口

如果要添加数据，单击"添加"按钮，出现如图 8 – 5 所示窗口，分别在各字段相应的输入栏中输入数据后，单击"更新"按钮，就可以把输入的数据保存到 TelBook 表中。

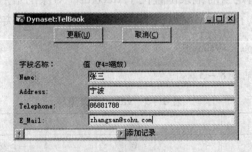

图 8 – 5　"添加数据"窗口

如果要编辑 TelBook 表中的数据，则单击"编辑"按钮，在随后出现的窗口中可以对字段的现有数据进行修改，修改后单击"更新"按钮，就可以把输入的数据保存到 TelBook 表中。

关于"删除"等操作很简单，因篇幅关系，这里就不再介绍。

3. Data 控件

（1）Data 控件的常用属性

Connect 属性：用于设置链接数据库的信息。

DatabaseName 属性：用于设置 Data 控件的数据源的名称及位置，其语法格式如下。

　　　　object. DatabaseName［= pathname］

其中，pathname 指示数据库文件的位置或 ODBC 数据源名称。如果网络系统支持，则 pathname 参数可以是一个完全限定的网络路径名，如" \\ Myserver \ Myshare \ Database. mdb"。

数据库类型由 pathname 所指向的文件或目录加以指示，见表 8 - 2。

表 8 - 2　　pathname 所指向的文件或目录

数据库类型	指　　向	数据库类型说明
. mdb	文件	Microsoft Access 数据库
包含 . dbf	文件的目录	dBASE 数据库
包含 . xls	文件的目录	Microsoft Excels 数据库
包含 . dbf	文件的目录	Foxpro 数据库
包含 . wk1，. wk3，. wk4 或 . wkX	文件的目录	Lotus 数据库
包含 . pdx	文件的目录	Paradox 数据库
包含文本格式的数据库	文件的目录	文本格式的数据库

提示：如果在控件的 Database 对象打开后改变了 DatabaseName 属性，则必须使用 Refresh 方法来重新打开数据库。

Recordset 属性：用于设置由 Data 控件的属性所定义的 Recordset 对象，其语法格式如下。

　　　　Set object. Recordset［= value］］

当应用程序中的 Data 控件的属性正常设置后，将自动地初始化，并创建一个 Recordset 对象。此 Recordset 对象可通过 Data 控件的 Recordset 属性访问，使用 BOF 和 EOF 属性可以测定记录位置。其中，BOF 属性指定当前记录位置位于 Recordset 对象的第一个记录之前，返回布尔值；FOF 属性指定当前记录位置位于 Recordset 对象的最后一个记录之后。

RecordsetType 属性：指出 Data 控件创建的 Recordset 对象的类型，其语法格式如下。

　　　　object. RecordsetType［= value］

其中，value 设置值见表 8 - 3。

表 8 - 3　　value 设置值

设　　置	值	说　　明
VbRSTypeTable	0	一个表类型 Recordset
VbRSTypeDynaset	1（默认值）	一个 dynaset 类型 Recordset
VbRSTypeSnapshot	2	一个快照类型 Recordset

RecordSource 属性：设置 Data 控件的基本表、SQL 语句或者存储过程，其语法格式如下。

> object. RecordSource [= value]

其中，value 设置值见表 8－4。

表 8 －4　value 设置值

设　　置	说　　明
表名称	在 Database 对象的 TableDefs 集合中定义的一张表的名称
SQL 查询	符合数据源的语法的合法 SQL 字符串
存储过程	存储过程名、QueryDef 的名称

（2）Data 控件的常用方法

Refresh 方法：用来建立和重新显示与 Data 控件相链接的数据库记录集。如在程序运行时修改了数据控件的 DatabaseName，ReadOnly，Excluzie 和 Connect 属性，就必须使用 Refresh 方法刷新记录集。该方法执行后，会将记录指针指向记录集中的第一条记录。

UpdateRecord 方法：可以将数据绑定控件上的当前内容写入到数据库中，即可以在修改数据后调用该方法来确认修改。

UpdateControls 方法：可以将数据从数据库中重新读入到数据绑定控件中，使用该方法可以在修改数据后确认修改。

Close 方法：关闭数据库的链接或记录集，并且设置该对象为空。在关闭数据库或记录之前，必须使用 Update 方法更新数据库或记录集中的数据，以保证数据的正确性。

（3）Data 控件的常用事件

Error 事件：仅当没有 Visual Basic 代码在执行时，数据存取错误这样的结果才会出现。其语法格式如下。

> Private Sub object_Error（[index As Integer,] dataerr As Integer, response As Integer）

其中，index 参数，用在控件数组中。dataerr 为返回的错误号。response 是一个对应于所要采用响应的编号，设置值见表 8－5。

表 8 －5　Response 的设置值

常　　数	值	说　　明
vbDataErrContinue	0	继续
vbDataErrDisplay	1（默认值）	显示该错误信息

Reposition 事件：在一条记录成为当前记录之后出现，其语法格式如下。

> Private Sub object. Reposition（[index As Integer]）

当加载一个 Data 控件时，Recordset 对象中的第一条记录成为当前记录，会发生 Reposition 事件。无论何时只要用户单击 Data 控件上某个按钮，进行记录间的移动，或者使用了某个 Move 方法（如 MoveNext），Find 方法（如 FindFirst），或任何其他改变当前记录的属性或方法，在每条记录成为当前记录以后，均会发生 Reposition 事件。

Validate 事件，在一条不同的记录成为当前记录之前，Update 方法之前（用 UpdateRecord 方法保存数据时除外），以及 Delete、Unload 或 Close 操作值之前会发生 Validate 事件。

Private Sub object_Validate（［ index As Integer,］ action As Integer,save As Integer）

其中，action 参数是一个整数，用来指示引发这种事件的操作。设置值见表 8 -6。

表 8 -6　action 的设置值

常　　数	值	说　　明
vbDataActionCancel	0	当 Sub 退出时取消操作
vbDataActionMoveFirst	1	MoveFirst 方法
vbDataActionMovePrevious	2	MovePrevious 方法
vbDataActionMoveNext	3	MoveNext 方法
vbDataActionMoveLast	4	MoveLast 方法
vbDataActionAddNew	5	AddNew 方法
vbDataActionUpdate	6	Update 方法
vbDataActionDelete	7	Delete 方法
vbDataActionFind	8	Find 方法
vbDataActionBookmark	9	Bookmark 属性已被设置
vbDataActionClose	10	Close 的方法
vbDataActionUnload	11	窗体正在卸载

save 参数是一个布尔表达式，用来指定被链接的数据是否改变，设置为 True，说明被链接数据已改变，设置为 False，说明被链接数据未改变。

8.1.4　实现步骤

利用 VB 6.0 开发数据库应用程序，具有快捷方便、易于编程实现的特点。VB 6.0 系统本身提供了一个工具，即可视化数据管理器（VisData），利用这个工具可以进行数据库的创建、维护等功能。从 VB 6.0 编程环境的"外接程序"菜单中选择"可视化数据管理器"，打开后的 VisData 主窗体如图 8 -6 所示。

图 8 -6　可视化数据管理器的主窗口

下面进行数据库的设计。

首先在可视化数据管理器的"文件"菜单中依次选择"新建"选项，"Microsoft Access"，"Version 7.0 MDB"，在随后出现的"保存"对话框中，输入数据库的文件名 booklist. mdb，数据库中新建的表名称为 Bookform，该表中字段设置见表 8 -7。

表8-7 Bookform 表结构

字 段 名 称（Name）	字 段 类 型（Type）	字 段 大 小（Size）
书号	Text	50
书名	Text	50
科目	Text	20
作者	Text	50
发行者	Text	50
有关内容	Text	100

接下来，设计程序界面，首先在窗体中加入一个框架 Frame1，在其上面用来显示记录。然后放置六个标签框，设置其 Caption 属性分别为书名、书号、科目、作者、发行者和有关内容，名称属性分别为 Label1 至 Label6。

添加一个 Data 控件，Data 控件可以对存储在数据库中数据进行访问。设置 Data 控件的 Visible 属性为 False。

还要再加入六个文本框，设置（名称）属性分别为 Text1 至 Text6，分别用来显示相应字段内容。VB 6.0 中的数据感知控件包含文本框等，可以设置它们的 Datasource 属性都为 Data1，DataField 属性分别为书名、书号、科目、作者、发行者和有关内容，这样就可以联系到数据控件 Data1 上，并且把数据显示出来。注意不要忘记设置用于显示"有关内容"字段的 Text6 文本框的 MultiLine 属性为 True。

最后在窗体上再加入"上一个"、"下一个"、"第一个"、"最后一个"和"退出"5 个按钮，它们的（名称）属性分别为：cmdPrev，cmdNext，cmdfirst，cmdlast 和 cmdExit。

设计完成后的程序界面如图 8-7 所示。

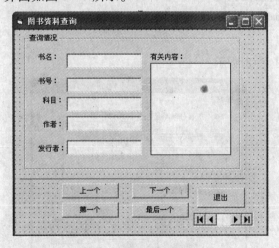

图 8-7 图书资料查询

程序主要代码如下。

```
Private Sub Form_Load()
    Data1. DatabaseName = App. Path + " \booklist. mdb"
    Data1. RecordSource = "bookform"
End Sub
Private Sub cmdPrev_Click()            '上一条记录
```

```
        Data1. Recordset. MovePrevious
        cmdNext. Enabled = True
        If Data1. Recordset. BOF Then
            Data1. Recordset. MoveFirst
            cmdPrev. Enabled = False
        End If
    End Sub
Private Sub cmdNext_Click( )                '下一条记录
        Data1. Recordset. MoveNext
        cmdPrev. Enabled = True
        If Data1. Recordset. EOF Then
            Data1. Recordset. MoveLast
            cmdNext. Enabled = False
        End If
    End Sub
Private Sub cmdfirst_Click( )                '第一条记录
        Data1. Recordset. MoveFirst
        cmdPrev. Enabled = False
        cmdNext. Enabled = True
    End Sub
Private Sub cmdlast_Click( )                '最后一条记录
        Data1. Recordset. MoveLast
        cmdNext. Enabled = False
        cmdPrev. Enabled = True
    End Sub
```

程序运行结果如图 8 - 8 所示。

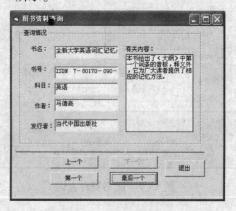

图 8 - 8　程序运行结果

8.1.5　任务 15 小结

　　利用 VB 6.0 开发数据库应用程序，具有快捷方便、易于编程实现的特点。VB 6.0 提供了可视化数据管理器（VisData），利用这个工具可以进行数据库的创建、维护等功能。Data

控件可以对存储在数据库中数据进行访问，利用 Data 控件执行大部分数据操作，而不用编写代码。

8.2　任务 16　设计数据报表

8.2.1　学习目的

1. 理解记录集对象（RecordSet）。
2. 熟练掌握 ADO 控件和 DataGrid 控件的使用。
3. 掌握 ADO 对象的使用方法。

8.2.2　工作任务

使用 ADO 控件和 DataGrid 控件来浏览 BIBLIO 数据库中的 Authors 表记录。

8.2.3　背景知识

1. ADO 控件

ADO 控件通过属性实现对数据源的连接，创建连接时，可以采用三种方式实现，一种是 ODBC 数据源名称（DSN），当使用 DSN 时，无须改变 ADO 控件的任何其他属性，一种是 OLE DB 文件，还有一种是使用连接字符串方式，这种方式比较灵活。

（1）ADO 控件的常用属性

ConnectionString 属性：用于指定链接所需的所有设置值的字符串，在该字符串中所有传递的参数是与驱动程序相关的。例如 ODBC 驱动程序允许该字符串包含驱动程序、提供者、默认的数据库、服务器、用户名和密码等。ConnectionString 属性的参数见表 8 - 8。

表 8 - 8　ConnectionString 属性的参数

参　　数	说　　明
Provider	指定用于链接的数据源名称
File Name	指定基于数据源的文件名
Remote Provider	指定在打开一个客户端链接时使用的数据源名称
Remote Server	指定打开客户端链接时使用的服务器的路径和名称

Password 属性：在访问一个受保护的数据库时是必需的，与 Provider 和 UserName 属性类似，如果在 ConnectingString 属性中指定了密码，则将覆盖在这个属性中指定的值。

RecordSource 属性：通常包含一条 SQL 语句、一个数据库表名或一个存储过程调用，用于决定从数据库中检索什么信息。

Mode 属性：决定想用 RecordSet 完成什么操作。Mode 属性的取值见表 8 - 9。

表 8 – 9　Mode 属性的取值

常　　数	值	说　　明
AdModeUnknown	0（默认值）	表明权限尚未设置或无法确定
AdModeRead	1	表明权限为只读
AdModeWrite	2	表明权限为只写
AdModeReadWrite	3	表明权限为读/写
AdModeShareDenyRead	4	防止其他用户使用读权限打开链接
AdModeShareDenyWrite	8	防止其他用户使用写权限打开链接
AdModeShareExclusive	12	防止其他用户打开链接
AdModeShareDenyNone	16	防止其他用户使用任何权限打开链接

CommandType 属性：指定 CommandText 的属性，它可能包括 Command 对象的源类型，设置这个属性优化了该命令的执行。如果 CommandType 属性的值等于 adCmdUnknown（默认值），系统的性能将会降低，因为 ADO 必须调用提供者以确定 CommandText 属性是 SQL 语句、还是存储过程或表格名称。如果知道正在使用的命令的类型，可通过设置 Command-Type 属性指令 ADO 直接转到相关代码。

MaxRecords 属性：返回或设置可从数据源获取的最大记录数。

（2）ADO 控件的常用方法

除了与 Data 数据控件相似的 UpdateControls、UpdataRecord、AddNew、Delete 和 Move 方法外，ADO 控件常用的方法还有 CancelBatch 和 UpdateBatch。

CancelBatch 方法：取消挂起的批更新。

UpdateBatch 方法：保存挂起的批更新。

2. ADO 对象

ADO 对象可以访问任何符合 OLE DB 规范的数据库服务器中的数据，在 Internet 中 ADO 对象使用最少的网络流量，提供了高性能的数据库访问接口。

在 VB 6.0 中使用 ADO 对象，首先要将 ADO 对象加入到工程中，选择"工程"菜单中的"引用"子菜单，在弹出的"引用"对话框中选择"Microsoft ActiveX Data Object 2.7"，其中，2.7 是 ADO 对象的版本号，可以看出从 2.0 到 2.8 系列都可以选用。ADO 对象是向下兼容的，新的 ADO 版本兼容低版本的 ADO 开发出来的程序，如图 8 – 9 所示。

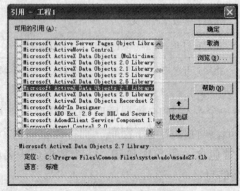

图 8 – 9　"引用"对话框

在当前工程中引用了 ADO 对象后，就可以在程序代码中声明 ADO 对象集中的 Connection、RecordSet 和 Command 等对象了，如以下代码所示。

```
Dim cnn As New ADODB. Connection
Dim rs As New ADODB. Recordset
Dim cmd As New ADODB. Command
```

这里，用 New 关键字声明的对象变量，在第一次使用该变量时，系统会自动创建一个新对象。如果没有 New 关键字，则在使用对象变量前，需用 Set 语句将新创建的对象赋予该对象变量，如以下代码所示。

```
Dim cnn As ADODB. Connection
Dim rs As ADODB. Recordset
Dim cmd As ADODB. Command


Set cnn = New ADODB. Connection
Set rs = New ADODB. Recordset
Set cmd = New ADODB. Command
```

提示：在使用对象变量时，如果没有引用对象或在声明对象变量时没有使用 New 关键字，则会出现"对象变量或 With 块变量未设置"的错误。

（1）Connection 对象

Connection 对象也称为连接对象，用来创建一个与指定数据源的连接，包括 Microsoft SQL Server、Oracle 以及能够为其指明一个 OLEDB 提供程序或一个 ODBC 驱动器的任何数据源。

Connection 对象的常用属性如下。

ConnectionString 属性：用于取得或设置连接字符串。

ConnectionTimeout 属性：获得 Connection 对象的超时时间，时间为 S，为 0 表示不限制。若在这个时间之内 Conneciton 对象无法连接数据库，则返回失败。

DataBase 属性：获取当前数据库名称，默认为 Noting。

DataSource 属性：获取数据源的完整路径及文件名，若在 SQL Server 数据库则获取所链接的 MS SQL Server 服务器名称。

PacketSize 属性：获取与 SQL Server 通信的网络数据包的大小，单位为字节。默认为 8192. 此属性只有 MS SQL Server 数据库才可以使用。

Server Version 属性：获取数据库驱动程序的版本。

State 属性：获取数据库的连接状态，返回 1 表示联机，0 表示关闭。

WorkstationId 属性：获取数据库客户端标识。默认为客户端计算机名。此属性只适用于 MS SQL Server 数据库。

Connection 对象的常用方法如下。

Open 方法：打开数据库的链接。

Close 方法：关闭数据库连接。

ChangeDatabase 方法：在打开连接的状态下，更改当前数据库。

CreateCommand 方法：创建并返回于 Connection 对象相关的 Command 对象。

Dispose 方法：调用 Close 方法关闭于数据库的连接，并释放所占用的系统资源。

提示：ConnectionString 属性只对连接属性进行设置，并不打开数据库，必须用 Open 方法打开连接。

（2）RecordSet 对象

Recordset 对象表示的是来自基本表或命令执行结果的记录集。使用 Recordset 对象可以对所有数据进行操作。所有 Recordset 对象均使用记录（行）和字段（列）进行构造。Recordset 对象实际上是依附于 Connection 对象和 Command 对象之上的。通过使用 Recordset 对象，则可以方便地操作 Command 对象返回的结果。

RecordSet 对象的常用属性有：BOF 与 EOF、Absolute、Position 和 RecordCount 等。

BOF 与 EOF 属性：用来指示记录指针是否指向了第一条记录之前或最后一条记录之后，如果这两个属性同时为 True，表明 RecordSet 中没有数据。

AbsolutePosition 属性：用于返回当前记录的序号。但不能将其作为记录编号的代替物，因为当执行了删除、添加、查询等操作后，记录的位置可能会改变。

Bookmark 属性：设置当前记录集指针的书签，字符串类型。在程序中可以使用该属性重定位记录集的指针。下列代码使指针移到其他位置后迅速返回原来的记录。

```
mybookmark = Data1. RecordSet. BookMark          '设置书签保存当前记录指针位置
Data1. RecordSet. MoveFirst                       '将记录指针移动到第 1 条记录
Data1. Recordset. BookMark = mybookmark           '使记录指针返回到原位置
```

RecordCount 属性：用来获取 RecordSet 中记录数。在使用该属性前，应先调用 MoveLast 方法。

Recordset 对象的常用方法有 Add、AddNew、Edit、Delete、Move、Find 和 Seek 等。

Add 与 AddNew 方法：为数据库表添加一条记录。

Edit 方法：使当前记录进入可以被修改状态。

Delete 方法：删除数据库的当前记录。

Move 方法：用于记录指针的移动。其中包括以下方法。

↳ MoveFirst 方法：移动到记录集的第一条记录。

↳ MoveLast 方法：移动到记录集的最后一条记录。

↳ MoveList 方法：下移一条记录，使下一条记录成为当前记录。

↳ MovePrevious 方法：上移一条记录，成为当前记录。

Find 方法：用于在 Dynast 和快照类型的记录集中，查找符合指定条件的记录。若找到符合条件的记录，则将记录指针指向该记录，并将 Recordset 对象的 Nomatch 属性设为 True。否则将指针指向记录集的末尾，并将 Recordset 对象的 Nomatch 属性设为 False。其中包括以下方法：

↳ FindFirst：查找符合条件的第一条记录。

↳ FindLast：查找符合条件的最后一条记录。

↳ FindNext：查找符合条件的下一条记录。

↳ FindPrevious：查找符合条件的上一条记录。

Seek 方法：用于在表类型记录集的当前索引中，查找符合指定条件的记录。其语法格式如下：

　　表 . Seeks　　＜比较字符串＞ , ＜关键字段值＞

如：

　　Data1. Recordset. Index = " idxName"　　　　'指定当前索引名为"idxName"的索引
　　Data1. Recordset. Seek " = "," 张三"　　　　'查找学号字段值为" 张三"的记录

提示： 执行 Seek 方法前，请先将 Index 属性设置为所需的索引。此方法只受服务器端游标支持。如果 Recordset 对象的 CursorLocation 属性值为 adUseClient，将不支持 Seek 方法。

（3）Command 对象

Command 对象将对数据源执行指定命令，执行针对数据源的有关操作，如查询、修改等。

Command 对象的常用属性如下。

◊ CommandText 属性：指定命令的可执行文本。

◊ Parameter 集合属性：定义参数化的查询或存储过程参数。

Command 对象的常用方法如下。

◊ Execute 方法：用于执行命令，返回 Recordset 对象。

3. DataGrid 控件

DataGrid 控件通常可以用来方便地操作数据，其 Columns 集合的 Count 属性和 Recordset 对象的 RecordCount 属性，可以决定控件中行和列的数目。DataGrid 控件可包含的行数取决于系统的资源，而列数最多可达 32 767 列。设计时可以通过调节列来交互地改变列宽度，或在 Column 对象的属性页中改变列宽度。

在程序中处理 DataGrid 的一个单元格时，可以通过 ColIndex 属性来选定，也即选择了 DataGrid 对象的 Columns 集合中的一个 Column 对象。Column 对象的 Text 和 Value 属性引用当前单元格的内容。

DataGrid 控件中的每一列都有自己的字体、边框、自动换行和另外一些与其他列无关的能够被设置的属性。设计时可以设置列宽和行高，并且建立对用户不可见的列。

提示： VB 6.0 还提供了另外两个 ActiveX 控件：MSFlexGrid 和 MSHFlexGrid 控件，这两个控件也都可以实现 DataGrid 控件的类似功能，但相比较而言功能更强大，如更方便的排序、合并和格式设置等功能。其中，MSFlexGrid 控件是绑定到 Data 控件上的，数据是只读的；MSHFlexGrid 控件和 ADO 控件绑定，数据也是只读的，但可以以层次方式显示记录集。

8.2.4 实现步骤

1. 设置 ADO 控件的属性

本任务需要利用 ADO 控件。ADO 控件是 Microsoft 公司推出的数据访问技术，支持建立客户端－服务器和基于 Web 的应用程序。ADO 控件的数据提供者可以是任何符合 OLE DB 规范的数据源。

首先在 Visual Basic 中创建一个新的标准 EXE 工程。添加 ADO 控件，需要从"部件"

对话框中选择"Microsoft ADO Data Control 6.0 (OLE DB)"，将其加入到当前工程中，命名为 Adodc1。

使用 ADO 控件来为 BIBLIO 数据库创建一个 OLE DB 数据源。首先右键单击添加到窗体上的 ADO 控件，在弹出的快捷菜单中选择"ADODC 属性"选项，打开"属性页"对话框，如图 8 – 10 所示。

在"通用"选项卡中选择"使用链接字符串"后，单击"生成"按钮，打开如图 8 – 11 所示的"数据链接属性"对话框。

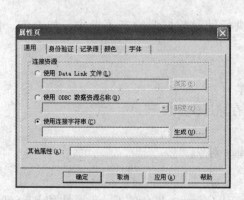

图 8 – 10　"属性页"对话框

图 8 – 11　"数据链接属性"对话框

选择适当的 OLE DB 的提供者，这里选择了"Microsoft Jet 3.51 OLE DB Provider"后，单击"下一步"按钮，进入"数据链接属性"对话框的"连接"选项卡。在其中选择需要使用的数据库文件，这里选择数据库文件 BIBLIO. MDB，如图 8 – 12 所示。

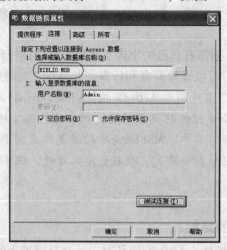

图 8 – 12　选择数据库文件

然后单击"测试链接"按钮，验证链接的正确性。如果以上操作成功，则显示"测试连接成功的消息框。如果测试不成功，则需要重新进行设置。

单击"数据链接属性"对话框的"确定"按钮，返回 ADO 控件的"属性页"对话框，可以看到以上操作自动生成的 ConnectionString 属性字符串。ConnectString 属性如下：

ConnectString = " Provider = Microsoft. Jet. OLEDB. 3. 51; Persist Security Info = False; Data Source = BIBLIO. MDB"

接着设置 ADO 控件的 RecordSource 属性。在"属性页"对话框中，单击"记录源"选择命令类型为 2- adCmdText，在"表或存储过程名称"列表框中选择 Publishers 表，设置"记录源"，如图 8 – 13 所示。

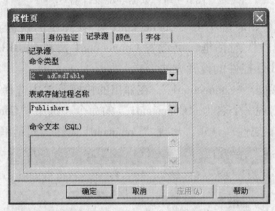

图 8 – 13　设置"记录源"

提示：记录源中的命令类型（CommandType）属性有四种：1- adCmdText，表示命令文本为 SQL 语句；2- adCmdTable，此时命令文本区域不可用，但直接输入表或视图得名称；4- adCmdStoredProc，表示使用存储过程；8- adCmdUnKnown，表示命令类型不详，由系统根据用户的输入自动判定。

2. 添加 Datagrid 控件

DataGrid 控件是一个类似电子表格的数据绑定 Active 控件。要使用 DataGrid 控件，先从"部件"对话框中选择添加"Microsoft DataGrid Control 6. 0"，设置 DataGrid 控件的 Data-Source 属性为一个 Data 控件或 ADO 控件，以自动填充该控件并且从数据控件的 Recordset 对象自动设置其列标头。这个 DataGrid 控件实际上是一个固定的列集合，每一列的行数都是不确定的。

这里，在"属性"对话框中设置 DataGrid 控件的 DataSource 属性设置为 Adodc1 控件。

3. 使用数据环境设计器

数据环境设计器为程序提供数据源，下面将利用数据环境设计器为数据报表提供数据库。

每个数据环境可以包含若干个 Connection（连接），用来连接到不同类型的数据库上，每个连接包含若干个 Command（命令），可 SQL 语句或直接用来访问数据库中的表、视图或存储过程。

在"工程"菜单中选择"添加 Data Enviroment"选项，将数据环境设计器添加到当前工程中。添加到当前工程中数据环境设计器如图 8 – 14 所示。

图 8 – 14   数据环境设计器

在数据环境设计器中，右键单击"Connection1"，在弹出的快捷菜单中选择"属性"选项，弹出"数据链接属性"对话框，可设置 Connection1 链接到 BIBLIO. MDB 数据库。这里的设置方法与上文 ADO 控件的设置方法一样。

接下来，继续右键单击"Connection1"，在弹出的快捷菜单中选择"添加命令"选项，则在"Connetion1"下面出现一个名为"Command1"的命令。选中"Command1"右键单击，在弹出的快捷菜单中选择"属性"选项，出现"Command1 属性"对话框，如图 8 – 15 所示。

图 8 – 15   "Command1 属性"对话框

这里，在"数据源"区域中的"数据库对象"列表中选择"表"，在"对象名称"中选择"Publishers"表。

此时，展开 Command1，可以看到 Publishers 表中的字段列表，如图 8 – 16 所示。

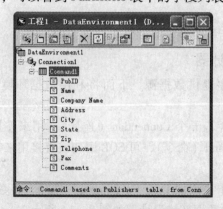

图 8 – 16   Command1 中的字段列表

4. 使用数据报表设计器

要在程序中实现数据报表功能，需在"工程"菜单中选择"添加 Data Report"选项，将数据报表设计器添加到当前工程中。数据报表设计器如图 8 - 17 所示。

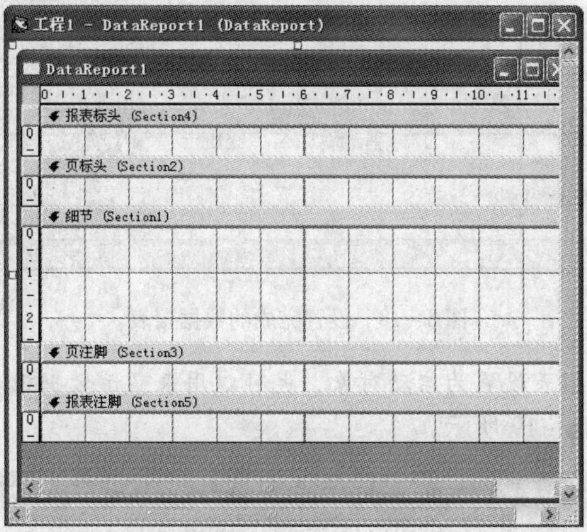

图 8 - 17　数据报表设计器

设置 DataReport1 的 DataSource 属性为数据环境 DataEnviroment1，DataMember 属性为 Command1（包含在数据环境 DataEnviroment1 中），这样就将 DataReport1 和 DataEnviroment1 联系起来。

接着设置数据报表中要显示的字段，可以从 DataEnviroment1 的 Command1 对象中的字段列表中拖放到细节区来实现。这里选择了其中的 PubID、Name、Company Name、Zip 和 Telephone 共 5 个字段。当字段被拖放到细节区时，每一个字段都会同时出现一个 RptLabel 控件显示字段标题和一个 RptTextBox 显示字段内容，这里将 RptLabel 控件拖到上面的页标头区。为了方便阅读，可以将页标头中的字段标题分别设置为"ID"、"姓名"、"公司名称"、"邮编"和"电话"。

在页标头区设置报表名"出版商信息一览表"，位置居中。

在页注脚区中，添加当前页和总页数。选中数据报表中的页注脚区（Sections），右键单击后，在弹出的快捷菜单中选择"插入控件"，接着选择"当前页码"选项，这样就在页注脚区内添加了一个用来显示当前页码的 RptLabel 标签了。同样的方法，用来添加"总页数"的 RptLabel 标签。为了方便用户阅读报表，分别在这两个标签前面各自再添加一个用来说明的 RptLabel 标签，其标签标题分别设置为"当前页码："和"总页数："。

设置完成的数据报表如图 8 - 18 所示。

为了显示数据报表，需要在窗体上添加一个命令按钮，设置按钮标题为"显示报表"，在其单击事件中编写代码如下：

```
Private Sub Command1_Click()
    DataReport1. Show    '用来显示报表
End Sub
```

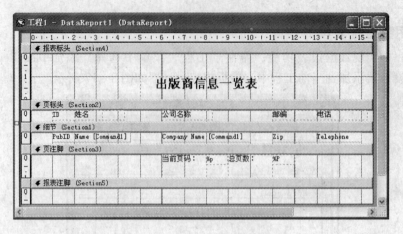

图 8－18　设置完成的数据报表

注意： 通过将数据报表设置为启动对象，也可以用来显示数据报表。

程序运行结果如图 8－19 所示。

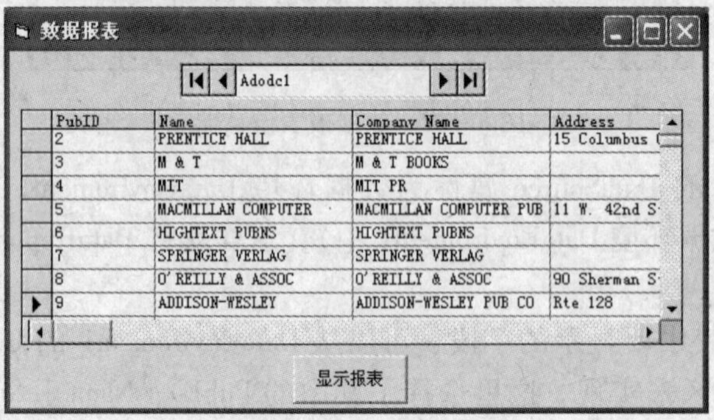

图 8－19　程序运行结果

单击"显示报表"按钮，显示数据报表窗口，这里可以打印数据报表。数据报表窗口如图 8－20 所示。

图 8－20　数据报表窗口

8.2.5　任务 16 小结

ADO 控件和 Data 控件相似，用户可以利用其属性、方法和事件快速创建与数据库的链接。ADO 对象可以访问任何符合 OLE DB 规范的数据库服务器中的数据。在引用了 ADO 对象后，就可以在程序中使用 Connection、RecordSet 和 Command 等对象。DataGrid 控件是一个类似电子表格的数据绑定的 ActiveX 控件，可以设置 DataGrid 控件的 DataSource 属性为一个 Data 控件或 ADO 控件，以自动填充该控件。

练习

1. 用可视化数据管理器设计一个学生基本信息数据库，包含学生编号、姓名、性别、理论课程成绩和实践课成绩信息，添加若干条记录。然后利用 Data 控件访问数据库，再用数据感知控件（如文本框控件）来显示数据。程序执行界面如图 8 – 21 所示。

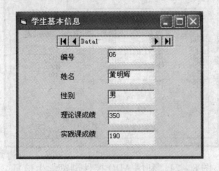

图 8 – 21　浏览学生基本信息

2. 设计一个通讯录程序，通过 Data 控件浏览数据库记录。其中数据库为 Access 数据库，数据库名为 TEL. MDB，数据库中的 TelBook 表存储通讯信息，该表包括四个字段：姓名、地址、电话和电子邮件。程序执行界面如图 8 – 22 所示。

图 8 – 22　小小通讯录

3. 设计一个能够完成查询、新增、修改、删除的数据库操作程序。查询可以实现模糊查询，在查询模式下数据是只读的，不能对数据进行修改。请设计数据库，并通过 Data 控件实现所要求的功能。程序执行界面如图 8 – 23 所示。

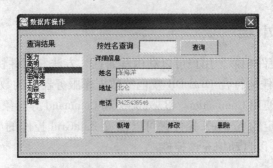

图 8 – 23　数据库操作

4. 利用 ADO 控件浏览学生信息程序。当用户单击"浏览"按钮时，在 DataGrid 控件中显示学生信息。要求在代码中对 ADO 控件和 DataGrid 控件的属性进行设置。程序执行界面如图 8 – 24 所示。

图 8 – 24　利用 ADO 控件浏览学生信息

5. 设计图书信息管理程序，要求用 ADO 控件实现对数据库的连接，并能够对数据库进行添加、编辑和删除记录的操作。其中，单击"删除"按钮后，只有在用户确认后才能够删除记录。程序执行界面如图 8 – 25 所示。

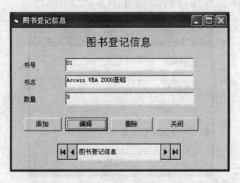

图 8 – 25　图书信息管理

第9章 图形程序设计

9.1 任务17 制作屏幕保护程序

9.1.1 学习目的

1. 掌握定时器的使用。
2. 掌握直线控件和形状控件的使用。
3. 熟练掌握 PSet 方法、Line 方法和 Circle 方法的使用。

9.1.2 工作任务

设计一个月亮在天空中移动的屏幕保护程序。屏幕保护程序富有创意的、迷人的动画效果可以让用户在计算机使用的间隙，同时也能感受到带来的诸多乐趣。

9.1.3 背景知识

1. 定时器

定时器（Timer）控件，用于每隔一段时间间隔有规律地执行一次事件代码。Timer 控件在窗体设计时是可见的，在程序执行时则不可见。在一个程序中可以有多个活动的定时器控件，彼此之间没有影响。

Timer 控件最重要的属性是 Interval 属性，设置 Timer 事件发生的间隔，单位为毫秒，设置范围在 1～65 535 之间。默认值为 0，表示 Timer 控件无效。如果设置为 1000，代表 1 秒，表示每经过 1 秒就会触发一次 Timer 事件。

下面的代码可以调整窗体切换颜色的速度。窗体中包含了 Timer 控件、HScrollBar 控件（水平滚动条）和 PictureBox 控件。代码如下：

```
Private Sub Form_Load ()
        Timer1. Interval = 1000          '设置时间间隔
        HScroll1. Min = 100              '设置最小值
        HScroll1. Max = 1000             '设置最大值
End Sub

Private Sub HScroll1_Change ()
        Timer1. Interval = HScroll1. Value   '根据滚动条的数值设置时间间隔
End Sub
```

```
Private Sub Timer1_Timer ( )              '在红色和蓝色之间切换背景色
    If Picture1. BackColor = RGB(255,0,0) Then
        Picture1. BackColor = RGB(0,0,255)
    Else
        Picture1. BackColor = RGB(255,0,0)
    End If
End Sub
```

Timer 控件的另一个重要属性是 Enable 属性，决定 Timer 控件是否有效，设置为 False，关闭 Timer 控件；设置为 True，则打开 Timer 控件。

Timer 控件的唯一事件是 Timer 事件，每隔 Interval 属性指定的时间间隔触发。使用 Timer 事件时，在每次时间间隔过去之后通知 VB 6.0 应该执行什么操作。

下面的代码演示一个数字时钟，窗体中包含一个 Label 控件和一个 Timer 控件。

```
Private Sub Form_Load ( )
    Timer1. Interval = 1000                 '设置计时器时间间隔
End Sub
Private Sub Timer1_Timer ( )
    Label1. Caption = Time                  '更新时间显示
End Sub
```

2. 直线控件

直线（Line）控件用来在窗体、框架或图片框中创建水平线、垂直线或对角线。在程序中可以控制 Line 控件的位置、长度、颜色和样式。

BackColor 属性：设置 Line 控件的背景颜色。

BorderStyle 属性：设置 Line 控件的边框样式，设置值见表 9-1。

表 9-1　BorderStyle 属性设置值

常　　数	值	说　　明
vbTransparent	0	透明
vbBSSolid	1（默认值）	实线。边框处于形状边缘的中心
vbBSDash	2	虚线
vbBSDot	3	点线
vbBSDashDot	4	点划线
vbBSDashDotDot	5	双点划线
vbBSInsideSolid	6	内收实线。边框的外边界就是形状的外边缘

BorderWidth 属性：设置 Line 控件的边框宽度。

可使用 BorderWidth 和 BorderStyle 属性来指定 Line 控件边框类型，表 9-2 给出了 BorderStyle 设置值对 BorderWidth 属性的影响。

如果 BorderWidth 属性设置大于 1，有效的 BorderStyle 设置值为 1（实线）和 6（内收实线）。

表 9 − 2   BorderStyle 设置值对 BorderWidth 属性的影响

BorderStyle 设置值	对 BorderWidth 的影响
0	忽略 BorderWidth 设置
1 ~ 5	边框宽度从边框中心扩大，控件的宽度和高度从边框的中心度量
6	边框的宽度在控件上从边框的外边向内扩大，控件的宽度和高度从边框的外面度量

X1，Y1，X2，Y2 属性：设置 Line 控件的起始点（X1，Y1）和终止点（X2，Y2）的坐标。水平坐标是 X1 和 X2；垂直坐标是 Y1 和 Y2。

下面的代码在单击窗体时显示一条线段在窗体中慢慢下降，窗体包含一个 Timer 控件和一个 Line 控件。代码如下：

```
Private Sub Form_Load ( )
    '设置计时器时间间隔
    Timer1. Interval = 100
    '设置 Line1 的属性,将线定位在左上角附近
    With Line1
    . X1 = 100
    . Y1 = 100
    . X2 = 500
    . Y2 = 300
    End With
    Timer1. Enabled = False
End Sub

Private Sub Form_Click ( )
    Timer1. Enabled = True              '启动计时器
End Sub

Private Sub Timer1_Timer ( )
    Static btag As Boolean              '声明变量
    If btag Then
        Line1. X2 = Line1. X2 + 250
        Line1. Y2 = Line1. Y2 + 600
    Else
        Line1. X1 = Line1. X1 + 250
        Line1. Y1 = Line1. Y1 + 600
    End If
    btag = Not btag                     '转换值
    '如果线超出窗体,那么将导致结束
    If Line1. Y1 > ScaleHeight Then
        Timer1. Enabled = False          '等待另一次单击
        With Line1
        . X1 = 100
```

```
        . Y1 = 100
        . X2 = 500
        . Y2 = 300
    End With
    btag = False
  End If
End Sub
```

执行程序时，单击窗体就会看到一条不停跳动的线段在窗体中慢慢下降，当线段降落到窗体的下边沿时，自动返回初始位置。

3. 形状控件

形状（Shape）控件，可在窗体、框架或图片框中创建下述预定义形状：矩形、正方形、椭圆形、圆形、圆角矩形或圆角正方形，可以设置形状的样式、颜色、填充样式、边框颜色和边框样式。

（1）形状控件的常用属性

Shape 属性：Shape 控件最重要的属性，用于设置 Shape 控件的外观，设置值见表 9 – 3。

表 9 – 3　Shape 属性的 Value 设置值

常　　数	值	说　明	常　　数	值	说　明
VbShapeRectangle	0（默认值）	矩形	VbShapeOval	3	圆形
VbShapeSquare	1	正方形	VbShapeRoundedRectangle	4	圆角矩形
VbShapeOval	2	椭圆形	VbShapeRoundedSquare	5	圆角正方形

BackStyle 属性：设置 Shape 控件的背景是透明的还是不透明的。设置为 0，透明；默认值为 1，不透明。

BackColor 属性：设置 Shape 控件的背景颜色。

ForeColor 属性：设置 Shape 控件的前景颜色。如果 BackStyle 属性的设置值为 0（透明），则忽略 BackColor 属性。

BorderColor 属性：设置形状的边框颜色。

BorderStyle 属性：设置形状的边框样式。设置值同 Line 控件。

BorderWidth 属性：设置形状边框的宽度。设置值同 Line 控件。

FillColor 属性：设置用于填充形状的颜色。默认值为 0（黑色）。

FillStyle 属性：设置用于填充形状的模式。设置值见表 9 – 4。

表 9 – 4　FillStyle 属性设置值

常　　数	值	说　明	常　　数	值	说　明
VbFSSolid	0	实线	VbUpwardDiagonal	4	上斜对角线
VbFSTransparent	1（默认值）	透明	VbDownwardDiagonal	5	下斜对角线
VbHorizontalLine	2	水平直线	VbCross	6	十字线
VbVerticalLine	3	垂直直线	VbDiagonalCross	7	交叉对角线

如果 FillStyle 设置为 1（透明），则忽略 FillColor 属性，但是 Form 对象除外。

（2）形状控件的常用方法

Shape 控件的最常用的方法，是 Move 方法，用来移动 Shape 控件。其语法格式如下。

> 对象名 . Move left,top,width,height

其中，对象名是可选的，这里指 Shape 控件。

left 是必需的，指示 Shape 控件左边的水平坐标（x 轴）。

top 是可选的，指示 Shape 控件顶边的垂直坐标（y 轴）。

width 是可选的，指示 Shape 控件新的宽度。

height 是可选的，单精度值，指示 Shape 控件新的高度。

提示：只有 left 参数是必需的。但是，要指定任何其他的参数，必须先指定出现在语法中该参数前面的全部参数。例如，如果不先指定 left 和 top 参数，则无法指定 width 参数。任何没有指定的尾部的参数则保持不变。

4. PSet 方法

PSet 方法用于在屏幕上画点。其语法格式如下。

> 对象名 . PSet [Step] (x,y),[color]

其中，对象名可以是图片框或窗体等，默认为窗体；Step 指定点的坐标相对于由 CurrentX 和 CurrentY 属性提供的当前点位置。

x，y 参数指定点的坐标。

color 参数指定点的颜色。默认为 ForeColor 属性值。

RGB 函数常见的颜色设置见表 9-5。

表 9-5　RGB 函数

RGB 函数	颜　色	RGB 函数	颜　色
RGB (0, 0, 0)	黑色	RGB (255, 255, 255)	白色
RGB (255, 0, 0)	红色	RGB (255, 255, 0)	黄色
RGB (0, 255, 0)	绿色	RGB (255, 0, 255)	紫红色
RGB (0, 0, 255)	蓝色	RGB (0, 255, 255)	青蓝色

提示：RGB 函数是一个颜色函数，有三个参数 R，G，B。其中 R 代表红色，G 代表绿色，B 代表蓝色。每个参数的取值范围为 0~255，RGB 函数总共可以表示 256 * 256 * 256 种颜色。

QBColor(i) 函数只能表示 16 种颜色，当参数 i 取 0~15 之间的不同整数值时，QBColor (i) 就会有不同的颜色效果。QBColor 函数的 16 种颜色见表 9-6。

表 9-6　QBColor 函数

QBColor 函数值	颜　色	QBColor 函数值	颜　色	QBColor 函数值	颜　色	QBColor 函数值	颜　色
0	黑色	4	红色	8	灰色	12	亮红色
1	蓝色	5	粉红色	9	亮蓝色	13	亮粉红色
2	绿色	6	黄色	10	亮绿色	14	亮黄色
3	青色	7	白色	11	亮青色	15	亮白色

所画点的尺寸取决于 DrawWidth 属性值。当 DrawWidth 为 1，PSet 将一个像素的点设置为指定颜色。当 DrawWidth 大于 1，则点的中心位于指定坐标。

下面的代码在窗体上画出 3600 个位置随机的点，点的颜色也是随机选取。

```
Private Sub Form_Click()
    DrawWidth = 3                      '指定点的宽度
    For I = 1 To 3600                  '画 3600 个随机点
        '指定 R 参数、G 参数、B 参数
        r = Int(256 * Rnd) : g = Int(256 * Rnd) : b = Int(256 * Rnd)
        '确定 x,y 坐标
        x = Rnd * Width : y = Rnd * Height
        PSet (x,y),RGB(r,g,b)          '调用 PSet 方法画点
    Next I
End Sub
```

程序运行结果如图 9 - 1 所示。

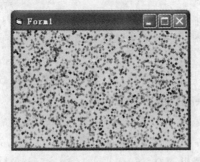

图 9 - 1   PSet 方法画随机点

5. Line 方法

VB 中除了使用 Line 控件用来绘制直线外，还可以使用 Line 方法来绘制直线，而且 Line 方法功能更强大，还可以用来绘制矩形。其语法格式如下：

对象名 . Line [Step] (x1,y1) [Step] (x2,y2),[color],[B][F]

这里的对象名可以是图片框或窗体等，默认为窗体。

(x1，y1) 是可选的，指定直线或矩形的起点坐标。如果省略，起始于由 CurrentX 和 CurrentY 指示的位置。

(x2，y2) 是必需的，指定直线或矩形的终点坐标。

Color 指定所用 RGB 颜色。如果省略，则使用 ForeColor 属性值。

B 参数是可选的，指利用对角坐标画出矩形。

F 参数是可选的，指以矩形边框的颜色填充，不能不用 B 而只用 F。

提示：如果不用 F 只用 B，则矩形用当前的 FillColor 和 FillStyle 填充。另外，画连接线时，前一条线的终点就是后一条线的起点。

6. Circle 方法

Circle 方法用来画圆、椭圆或弧。其语法格式如下：

对象名 . Circle [Step] (x,y), radius, [color, start, end, aspect]

其中，对象名可以是图片框或窗体等，默认为窗体。

(x，y) 是必需的，指定圆、椭圆或弧的中心坐标。

radius 是必需的，指定圆、椭圆或弧的半径。

color 是可选的，指定圆的轮廓的 RGB 颜色。如果省略，则使用 ForeColor 属性值。可用 RGB 函数或 QBColor 函数指定颜色。

start，end 是可选的，当弧、或部分圆或椭圆画完以后，start 和 end 指定（以弧度为单位）弧的起点和终点位置。其范围为 –2 pi ~ 2 pi 。起点的默认值为 0；终点的默认值为 2 pi。

aspect 是可选的，指定圆的纵横尺寸比。默认值为 1.0，为一个标准圆（非椭圆）。

可以省略语法中间的某个参数，但不能省略分隔参数的逗号。

提示：想要填充圆，使用圆或椭圆所属对象的 FillColor 和 FillStyle 属性。只有封闭的图形才能填充，封闭图形包括圆、椭圆、或扇形。

画部分圆或椭圆时，如果 start 为负，Circle 方法画一半径到 start，并将角度处理为正的；如果 end 为负，Circle 方法画一半径到 end，并将角度处理为正的。Circle 方法总是逆时针（正）方向绘图。

画圆、椭圆或弧时线段的粗细取决于 DrawWidth 属性值。在背景上画圆的方法取决于 DrawMode 和 DrawStyle 属性值。

下面的代码用 Circle 方法在窗体上画同心圆：

```
Private Sub Form_Click( )
    Dim CX, CY, Rad, Limit                '声明变量
    ScaleMode = 3                         '以像素为单位
    CX = ScaleWidth / 2                   'X 位置
    CY = ScaleHeight / 2                  'Y 位置
    If CX > CY Then Limit = CY Else Limit = CX
    For Rad = 0 To Limit                  '半径
        Circle (CX,CY), Rad, RGB( Rnd * 255, Rnd * 255, Rnd * 255)
    Next Radius
End Sub
```

程序运行结果如图 9 – 2 所示。

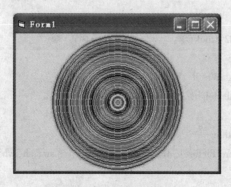

图 9 – 2　画同心圆

7. PaintPicture 方法

PaintPicture 方法用来在窗体、图片框或 Printer 对象上绘制图形。其语法格式如下。

　　　　对象名. PaintPicture picture x1, y1, dw, dh, x2, y2, sw, sh, opcode

这里的对象名可以是图片框或窗体等，默认为窗体。

Picture：必需的，为被传送的源图形对象。

x1, y1：必需的，Single 类型，在指定对象上绘制目标图形的起始位置坐标。

dw, dh：可选的，Single 类型，指定绘制目标图形的宽和高。

x2, y2：可选的，Single 类型，指定源图形的起始位置坐标。

sw, sh：可选的，Single 类型，指定源图形的宽和高。

opcode：可选的，指定传送的像素与目标中现有像素组合模式，即实现将 picture 对象中的图形传送到指定对象时对 picture 对象执行的位操作，默认为复制操作。常用的模式有：

↳ vbDsInvert 为逆转目标位图；

↳ vbNotSrcCopy 为复制源目标的逆到目标位图；

↳ vbScrCopy 为复制源图像到目标位图；

↳ vbScrInvert 为用 XOR 组合源位图与目标位图。

利用这些模式可以实现对图形的复制、翻转、改变大小以及一方切入显示等各种操作。

如下的代码实现了将 Picture1 中的图形在 Picture2 中水平翻转显示，还可以将图形从左边切入显示在 Picture2 中。

```
Dim sw, sh As Single
Dim i As Integer
Private Sub Form_Load( )
  Picture1. ScaleMode = 3                '像素
  Picture2. ScaleMode = 3                '像素
End Sub
Private Sub Command1_Click( )            '切入显示图片
  For i = 1 To sw Step 1
  Picture2. PaintPicture Picture1, 0, 0, i, sh, sw - i, 0, i, sh, vbSrcCopy
  Next i
End Sub


Private Sub Command2_Click( )            '水平翻转
  Dim x, y As Single
  sw = Picture1. ScaleWidth
  sh = Picture1. ScaleHeight
  x = sw: y = 0
  Set Picture2 = Nothing
  Picture2. PaintPicture Picture1, 0, 0, sw, sh, x, y, - sw, sh, vbSrcCopy
End Sub
```

执行效果如图 9 - 3 所示。

图 9 - 3　水平翻转显示

注意：PaintPicture 方法的参数所使用的度量单位受到 ScaleMode 属性的影响，绘制的目标图形受到 AutoRedraw 属性的影响。最好将 ScaleMode 属性设置为 3（像素），AutoRedraw 属性设置为 True。

8. 自定义坐标系统

在 VB6.0 系统中，窗体和图片框可以作为容器使用图形方法画图。在画图时，出于各种需要，会用到各种坐标系统。

任何容器的默认坐标系统都以容器的左上角坐标作为原点 (0，0)，水平向右为 X 轴的正方向，垂直向下为 Y 轴的正方向。构成坐标系有三个要素：坐标原点、度量单位和坐标轴的长度和方向。

ScaleTop 和 ScaleLeft 属性用于设置容器对象的顶端和左边坐标，根据这两个值可以设置坐标原点。默认值都是 0。

度量单位由容器对象的 ScaleMode 属性来设置。默认值为缇（Twip）。ScaleMode 属性的设置值见表 9 - 7。

表 9 - 7　ScaleMode 属性设置值

常　　数	值	说　　明
vbUser	0	自定义坐标系统
vbTwips	1（默认值）	缇（1 缇 = 1/1440 英寸，1 缇 = 1/567 厘米）
vbPoints	2	磅
vbPixels	3	像素，与显示其分辨率有关
vbCharacters	4	字符，水平方向每个单位等于 120 缇，垂直方向每个单位等于 240 缇
vbInches	5	英寸
vbMillimeters	6	毫米
vbCentimeters	7	厘米

注意：屏幕、窗体、图片框和框架是常用的容器。其中，屏幕是窗体的容器。这些容器都有各自的坐标系统。屏幕和框架的坐标系统只有一种，就是坐标原点在屏幕左上角，X 轴向右，Y 轴向下，刻度单位是缇（Twip）。窗体及图片框与其他容器相比，特点是在它们的工作区内可以用图形方法画图，可以采用自定义坐标系统。窗体工作区就是从窗体中去掉边框及标题区后的其余部分。图片框工作区就是从图片框中去掉边框后的其余部分。

在 VB 6.0 中，自定义坐标系统可以采用 Scale 方法建立，其语法格式为：

　　　　　[对象].Scale [(x1,y1) -(x2,y2)]

　　其中，（x1，y1）设置容器对象的左上角坐标，（x2，y2）设置容器对象的右下角坐标。如果省略参数，则采用默认坐标系统。默认对象为窗体。

　　Scale 方法将对象在水平方向分为| x2 - x1 | 等份，在垂直方向分为| y2 - y1 | 等份。

　　CurrentX 和 CurrentY 属性用于表示当前点的水平和垂直坐标，即下一次打印或绘图的起点坐标，在设计时不可用。

　　下面的代码在窗体上绘制了一个自定义坐标系统。

```
Private Sub Form_Paint( )
    Scale ( -200, 200) -(200, -200)
    Line ( -200, 0) -(200, 0)
    Line (0, 200) -(0, -200)
    CurrentX = 10：CurrentY = 0：Print "0"
    CurrentX = 180：CurrentY = 30：Print "X"
    CurrentX = 10：CurrentY = 180：Print "Y"
End Sub
```

　　程序执行结果如图9 - 4 所示。

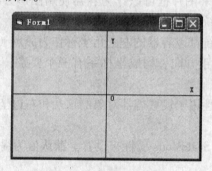

图9 - 4　画自定义坐标系统

9.1.4　实现步骤

　　本程序设计的屏幕保护程序的窗体背景色设置为黑色，图像框用来显示月亮图片，定时器用来控制月亮移动的速度，程序启动后，月亮缓缓从漆黑的天空中掠过。作为屏幕保护程序，还要设置窗体无边界，运行时窗体最大化，当单击窗体或按键盘上的任意键时，终止程序执行。属性设置见表9 - 8。

表9 -8　属性设置

对　　象	名　　称	属　　性	设　置　值
窗体	Form1	BackColor	黑色
		BorderStyle	0-None
		DrawWidth	3
		WindowState	2-Maximized
定时器	Timer1	Interval	500
		Enabled	True
图像框	Image1	Picture	Moon. BMP

设计完成的屏幕保护程序界面如图 9 - 5 所示。

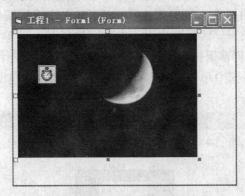

图 9 - 5 屏幕保护程序界面

程序代码如下：

```
Private Sub Form_Load( )
    Image1. Left = 0
    Image1. Top = 0
    Select Case UCase $ (Left $ (Command $,2))
        Case "/P"                          '/P 显示预览效果
            Unload Me
            Exit Sub
        Case "/C"                          '/C 在显示器属性对话框中单击了设置按钮
            MsgBox "没有设置功能!"
            Unload Me
            Exit Sub
        Case "/A"                          '设置密码
            MsgBox "没有设置密码功能!"
            Unload Me
            Exit Sub
        Case "/S"                          '预览按钮或屏幕保护程序被系统正常调用
            Show
    End Select
End Sub

Private Sub Form_MouseUp( Button As Integer,Shift As Integer,X As Single,Y As Single)
    Unload Me                              '卸载
End Sub

Private Sub Form_KeyUp( KeyCode As Integer,Shift As Integer)
    Unload Me                              '卸载
End Sub

Private Sub Timer1_Timer( )
    Image1. Left = Image1. Left + 20       '移动 Moon
End Sub
```

编译生成 Moon. EXE 文件，执行后可以看到屏幕保护程序的效果。单击鼠标或键盘上的任意键都可以终止程序的执行。最后把生成的 EXE 文件的后缀修改为"SCR"，放在 \$ WINDOWS \ system32 目录下。然后在桌面上右击，选择弹出菜单中的"属性"，弹出"显示属性"对话框，选择"屏幕保护程序"选项卡，就可以调用设计好的屏幕保护程序了。

在"显示属性"对话框中单击"设置"按钮，弹出"没有设置功能"提示信息，如图 9 - 6 所示。

图 9 - 6　从"显示属性"对话框中调用 Moon 屏保程序

9.1.5　任务 17 小结

Timer（定时器）控件的 Interval 属性决定 Timer 事件发生的间隔；Enable 属性决定 Timer 控件是否有效。Timer 控件的 Timer 事件用来完成每隔一定时间间隔的事件代码。Line 直线控件用来在窗体、框架或图片框中创建简单的水平线、垂直线或者对角线，Line 控件的位置、长度、颜色和样式可以自定义。Shape 形状控件通过 Shape 属性设置不同形状：矩形、正方形、椭圆形、圆形、圆角矩形或圆角正方形。PSet、Line 和 Circle 方法分别可以用来画点、矩形和圆、椭圆和扇形等。

练习

1. 在窗体上用画圆的方法在图像框上画一个太极图，如图 9 - 7 所示。
2. 用 Circle 方法画出如图 9 - 8 所示的图形。
3. 设计一个屏幕保护程序，每隔 3 秒切换显示不同的图片。
4. 设计一个红黄绿灯转换程序，要求红黄绿灯连续进行切换，红灯显示 5 秒，黄灯显示 1 秒，绿灯显示 5 秒。其中，要求使用 Shape 控件设计红黄绿灯。程序执行结果如图 9 - 9 所示。

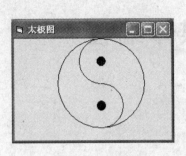

图 9 – 7　太极图

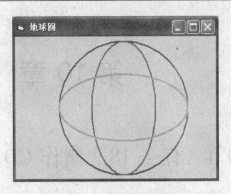

图 9 – 8　Circlr 方法画地球圆

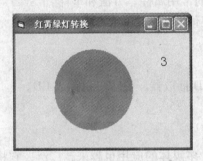

图 9 – 9　红黄绿灯连续切换

5. 在图片框中用 Line 方法画出如图 9 – 10 所示的阿基米德螺旋线。阿基米德螺旋线的
参数方程是 $x = \cos(A)$，$y = \sin(A)$，用 Line 方法与原点连线。

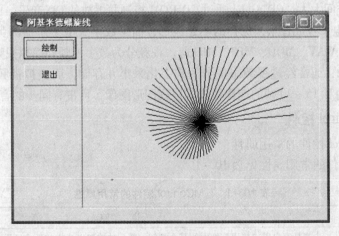

图 9 – 10　阿基米德螺旋线

第10章 多媒体编程

10.1 任务18 制作 CD 播放器

10.1.1 学习目的

1. 掌握几种多媒体控件的常用属性、方法和事件。
2. 会用 VB 6.0 制作多媒体应用程序。

10.1.2 工作任务

用 MMControl 控件制作 CD 播放器，要求可以播放 CD。

10.1.3 背景知识

随着多媒体技术的发展，多媒体的应用也越来越广泛，它将文字、图像、声音、视频和动画等信息和传统的视听相结合，改变了人们传统的学习和娱乐方式。

在 Windows 平台上，多媒体主要包括音频、视频、动画等。其中，音频文件可以分为三种，即波形音频、CD Audio 和 MIDI。波形音频保存的是音频的波形信息，其特点是声音质量好，但占用存储空间太大。CD Audio 通过 CD-ROM 控制并播放的 CD 音乐，也需占用较大的存储空间。MIDI 是电子合成音乐，保存的不是波形，而是数字式电子乐器的弹奏过程。音频文件常见的格式有：WAV、MOD、MP3、MID 等。视频分为数字视频和模拟视频。数字视频指数字化后的视频图像，通常经过视频采集卡的数字化采集并存储，而模拟视频则来自摄像机或 VCD 等。动画以每秒 15~20 帧的速率播放的序列图形图像，可带有同步的音频。

1. MMControl 控件

（1）MMControl 控件的常用属性

MMControl 控件的常用属性见表 10-1。

表 10-1 MMControl 控件的常用属性

属 性	说 明
ButtonEnabled	决定是否启用或禁用控件中的某个按钮，禁用的按钮以淡化的形式显示
ButtonVisible	决定指定的按钮是否在控件中显示
CanEject	决定打开的 MCI 设备能否将其媒体弹出
CanPlay	决定打开的 MCI 设备能否进行播放
CanRecord	决定打开的 MCI 设备能否进行记录
CanStep	决定打开的 MCI 设备能否一次显示一帧

续表

属　　性	说　　明
Command	指定将要执行的 MCI 命令，有关命令见表 10 – 2
DeviceType	指定 MCI 设备的类型，设备类型见表 10 – 3
Enabled	决定控件能否对用户生成事件，如 KeyPress 和 mouse 事件，作出反应
Error	指定最后一条 MCI 命令要打开的文件返回的错误代码。错误信息由 ErrorMessage 属性来描述，如果没有造成错误，这个值就是 0
ErrorMessage	描述保存在 Error 属性中的错误代码
Filename	指定 Open 命令要打开的文件或 Save 命令要保存的文件。如果在运行时要改变 FileName 属性，就必须先关闭然后再重新打开 MultiMedia 控件
Frames	规定 Step 命令能够前向单步或 Back 命令能够后向单步的帧数
From	为 Play 或 Record 命令规定起始点
Mode	返回打开的 MCI 设备的当前模式，设置值见表 10 – 4
Notify	决定下一条 MCI 命令是否使用 MCI 通知服务。如果它被设置为 True，那么 Notify 属性在下一条 MCI 命令完成时产生一个回调事件（Done），在设计时不可用
Wait	决定 MultiMedia 控件是否要等到下一条 MCI 命令完成，才能将控件返回应用程序
Shareable	决定是否允许其他应用程序或进程使用该媒体设备
UpdateInterval	规定两次连续的 StatusUpdate 事件之间的毫秒数
Position	指定打开的 MCI 设备的当前位置

Command 属性的有关命令见表 10 – 2。

表 10 –2　Command 属性的有关命令

命　令	说　明	命　令	说　明
Open	打开一个 MCI 设备	Prev	使用 Seek 命令跳到当前曲目的起始位置
Close	关闭 MCI 设备	Next	使用 Seek 命令跳到下一个曲目的起始位置
Play	用 MCI 设备进行播放	Seek	向前或向后查找曲目
Pause	暂停播放或录制	Record	录制 MCI 设备的输入
Stop	停止 MCI 设备	Eject	从 CD 驱动器中弹出音频
Back	向后步进可用的曲目	Save	保存打开的文件
Step	向前步进可用的曲目		

DeviceType 属性支持的设备类型见表 10 – 3。

表 10 –3　DeviceType 属性支持的常用设备类型

设 备 类 型	设 置 值	文 件 类 型	说　　明
CD audio	Cdaudio		音频 CD 播放器
Digital Audio Tape	Dat		数字音频磁带播放器
Scanner	Scanner		图像扫描仪
Sequencer	Sequencer	*. mid	音频设备数字接口（MIDI）序列发生器
AVI	AVIVideo	*. avi	视频文件
Videodisc	Videodisc		视盘播放器
Waveaudio	Waveaudio	*. wav	播放数字波形文件的音频设备
VCD	MPEGVideo	*. mpg、*. mp3	MPG 视频文件或 MP3 文件

Mode 属性设置值见表 10 - 4。

表 10 - 4　Mode 属性设置值

设置值/设备模式	值	说　　明	设置值/设备模式	值	说　　明
mciModeNotOpen	524	设备没有打开	mciModeeek	528	设备正在搜索
mciModetop	525	设备停止	mciModePause	529	设备暂停
mciModePlay	526	设备正在播放	mciModeReady	530	设备准备好
mciModeRecord	527	设备正在记录			

（2）MMControl 控件的常用事件

ButtonClick 事件：当用户在按钮上按下并释放鼠标按钮时发生。其语法格式如下：

　　　Private Sub MMControl_ButtonClick（Cancel As Integer）

将 Cancel 参数设置为 True，阻止执行默认的 MCI 命令。Cancel 参数设置 False，执行相应的 ButtonClick 事件之后，执行与按钮相关的 MCI 命令。

提示：ButtonClick 事件过程的执行先于与事件相关的默认 MCI 命令。在 ButtonClick 事件体中增加代码可以增加 Buttons 的功能。如果在事件过程体中将 Cancel 参数设置为 True 或者将 True 作为参数传送给 ButtonClick 事件过程，则不会执行与该事件相关的、默认的 MCI 命令。

ButtonCompleted 事件：当 Multimedia MCI 控件激活的 MCI 命令结束时发生。其语法格式如下：

　　　Private Sub MMControl_ButtonCompleted（Errorcode As Long）

参数 Errorcode 可以设置为 0，命令成功地完成，如设置为其他值，命令没有成功地完成。如在 ButtonClick 事件中参数 Cancel 被设置为 True，则不触发 ButtonCompleted 事件。

ButtonGotFocus 事件：当 Multimedia MCI 控件的按钮接受输入焦点时发生。

ButtonLostFocus 事件：当 Multimedia MCI 控件的按钮失去输入焦点时发生。

Done 事件，当 Notify 属性为 True 的 MCI 命令结束时发生。其语法格式如下：

　　　Private Sub MMControl_Done（NotifyCode As Integer）

其中，NotifyCode 参数表示 MCI 命令是否成功。设置值见表 10 - 5。

表 10 - 5　NotifyCode 参数设置值

设　置　值	值	说　　明	设　置　值	值	说　　明
mciSuccessful	1	命令成功地执行	mciAborted	4	命令被用户中断
mciSuperseded	2	命令被其他命令所替代	mciFailure	8	命令失败

StatusUpdate 事件，按 UpdateInterval 属性所给定的时间间隔自动地发生。这一事件允许应用程序更新显示，以通知用户当前 MCI 设备的状态。应用程序可以从 Position、Length 和 Mode 等属性中获得状态信息。

2. Animation 控件

Animation 控件用来显示无声的 AVI 视频文件，AVI 动画类似于电影，由若干帧位图组成。在 Windows 系统中，文件复制进度栏就是使用 Animation 控件的一个实例。在执行复制操作时，纸页从一个文件夹"飞"到另一个文件夹，如图 10 – 1 所示。

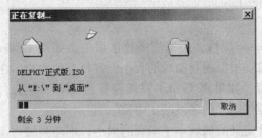

图 10 – 1　复制文件时的无声动画

在设计时，Animation 控件添加到窗体上的外观如图 10 – 2 所示。

Animation 控件有 4 种基本操作方法：Open，Play，Stop 和 Close。使用该控件时，可用 Open 方法打开"avi"文件，Play 方法进行播放，Stop 方法停止播放。在动画播放完毕以后，用 Close 方法关闭该文件。

图 10 – 2　Animation 控件外观

下面的代码显示打开一个".avi"文件，然后使用 Animation 控件进行播放。该程序使用了两个命令按钮，分别命名为 cmdPlay 和 cmdStop。将按钮 cmdPlay 的标题设置为"打开并播放"。按钮 cmdStop 的标题设置为"停止"。代码如下：

```
Private Sub cmdPlay_Click( )
    anmAvi. Open(" E:\123. avi")        'Animation 控件的名称是"anmAVI"
    anmAVI. Play                        '开始播放
End Sub
Private Sub cmdStop_Click( )
    anmAVI. Stop                        '停止播放
End Sub
```

Animation 控件的 Play 方法有 3 个参数，即 repeat，start 和 stop，其中 repeat 参数决定文件被播放多少遍，start 参数决定从哪一帧开始播放，stop 参数决定到哪一帧停止。如果没有提供 repeat 参数，文件将被连续播放。下面的代码将播放文件 10 遍，从第六帧播放到第十六帧（第一帧的帧号为 0）。

```
anmAVI. Play 10,5,15
```

Animation 控件的 AutoPlay 属性，用于决定是否自动播放，如设置为 True，则该控件在加载文件后将立即进行播放。如果要停止播放文件，只需将 AutoPlay 属性设置为 False，如下面的代码所示：

```
Private Sub cmdPlay_Click( )
    '将 AutoPlay 属性设置为 True,加载文件后立即播放,无须使用 Play 方法
    anmAvi. AutoPlay = True
    anmAVI. File = " E:\car. avi"
End Sub
```

```
Private Sub cmdStop_Click( )
    '将 AutoPlay 设置为 False,以停止播放
    anmAVI. AutoPlay = False
End Sub
```

　　Animation 控件的 Center 属性，用于使播放区居中。如果 Center 属性设置为 False，那么，在运行时该控件会自动根据视频动画的大小设置自身的大小。在设计时，控件的左上角决定了运行时的动画位置，如果将 Center 属性设置为 True，该控件不会改变自己的大小，而是将动画显示在由该控件定义的区域的正中央。

　　如果在设计时该控件定义的区域小于动画的大小，则动画的边缘部分会被剪裁掉。

3. WindowsMediaPlayer 控件

　　WindowsMediaPlayer 控件用于播放音频和视频等多媒体文件，可以识别的文件格式有AVI、WAV、MIDI、WMA、ASF、MPG、MP3 等。

　　WindowsMediaPlayer 控件的常用属性请见表 10－6。

表 10－6　WindowsMediaPlayer 控件的常用属性

属　　性	说　　明
CurrenPostion	正在播放文件的当前位置
Duration	播放总时长
EnableContextMenu	设置右键菜单是否有效
ShowControls	设置是否显示控制面板
Volume	音量控制，0 位最大音量，－9640 为最小音量，敏感值为 －2000～0
Balance	设置声道均衡，用于切换声道，－9460、0、9460 分别对应左、立体声、右声道

　　在设计时，WindowsMediaPlayer 控件添加到窗体上的外观如图 10－3 所示。

　　在设计模式下，选择 WindowsMediaPlayer 控件在属性窗口中的"自定义"属性可以设置它的相关基本属性，如装载时是否启动它，窗口模式是最大化还是最小化、按比例伸缩、音量控制等。

图 10－3　WindowsMediaPlayer 控件外观

10.1.4　实现步骤

　　在 VB 6.0 中，使用多媒体控件设计多媒体应用程序。多媒体控件指用来播放音频、视

频文件的控件。VB 6.0 提供了几个多媒体播放控件，它们都是 ActiveX 控件，如 Animation，Multimedia 和 WindowsMediaPlayer 控件等。其中，Mulitimedia 控件包含在 "Microsoft Multimedia Control 6.0（SP3）" 部件中；Animation 控件包含在 "Microsoft Windows Common Controls-2 6.0（SP6）" 部件中；WindowsMediaPlayer 控件在 "Windows Media Player" 部件中。在使用这些控件时，应该先选择从相应的部件中将其添加到当前工程中。

制作 CD 播放器将用到 MMControl 控件，它用来管理媒体控制接口（Media Control Interface，MCI）设备上的多媒体文件的记录与回放。这种控件就是一组按钮，它被用来向诸如声卡、MIDI 序列发生器、CD-ROM 驱动器、视频磁带播放器等音频和视频外围设备发出 MCI 命令。

在设计时，MMControl 控件添加到窗体上的外观如图 10-4 所示。

图 10-4 MMControl 控件外观

MMControl 控件上的按钮分别为 Prev，Next，Play，Pause，Back，Step，Stop，Record 和 Eject。

可以在单个窗体中布置多个 MMControl 控件，这样就可以同时控制多台 MCI 设备。每台设备需要一个 MMControl 控件。

程序界面上布置六个标签、一个框架、六个单选钮以及一个 MMControl 控件。其中，六个标签用来显示播放有关信息；六个单选钮用来控制播放动作，设置单选钮的 Style 属性为 1-Graphical，这样当单击单选按钮时，有一种凹下去的效果。关于 MMControl 控件的属性设置请见表 10-7。

表 10-7 属性设置

对　象	名　称	属　性	设　置
MMControl 控件	MMControl1	UpdateInterval	2000
		Visible	False
		Enable	False

属性设置完成后，程序界面如图 10-5 所示。

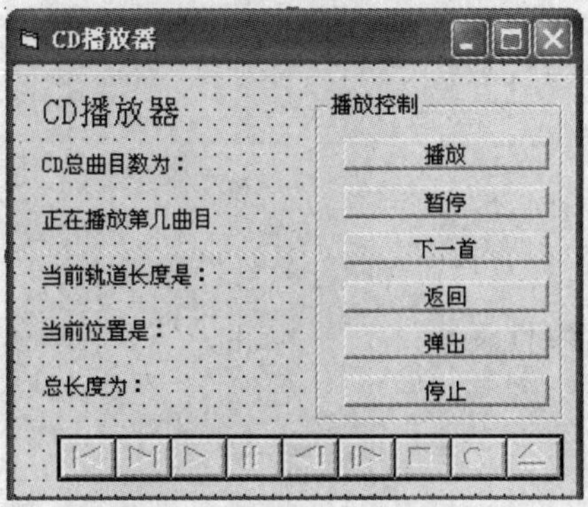

图 10-5 CD 播放器界面

完整的程序代码如下：

```
Private Sub Form_Load( )
    MMControl1. DeviceType = "CDAudio"        '指定 MCI 设备类型
    MMControl1. Command = "Open"              '打开 MCI 设备
    MMControl1. TimeFormat = 10               '曲目、分钟数、秒数和帧被压缩到一个四字节整数中。
    Label1. Caption = "CD 总曲目数为:" & MMControl1. Tracks
    Label2. Caption = "正在播放第几曲目"
    Label5. Caption = "总长度为:" + Str $ (MMControl1. Length)
End Sub


Private Sub MMControl1_StatusUpdate( )
    Label4. Caption = "当前位置是:" + Str $ (MMControl1. Position)
    Label3. Caption = "当前轨道长度是:" + Str $ (MMControl1. TrackLength)
    Label2. Caption = "正在播放第" + Str $ (MMControl1. TrackPosition) + "曲目"
End Sub


Private Sub Check1_Click( )
    MMControl1. Command = "play"              '播放
    Check1. Value = False
End Sub


Private Sub Check2_Click( )
    MMControl1. Command = "pause"             '暂停
    Check2. Value = False
End Sub


Private Sub Check3_Click( )
    MMControl1. Command = "next"              '下一首
    Check3. Value = False
End Sub


Private Sub Check4_Click( )
    MMControl1. Command = "prev"              '返回
    Check4. Value = False
End Sub


Private Sub Check5_Click( )
    MMControl1. Command = "eject"             '弹出
    Check5. Value = False
End Sub


Private Sub Check6_Click( )
```

```
        MMControl1. Command = "stop"          '停止
        Check6. Value = False
    End Sub
    Private Sub Form_Unload(Cancel As Integer)
        MMControl1. Command = "close"          '关闭 MMControl 控件
    End Sub
```

程序运行结果如图 10 – 6 所示。

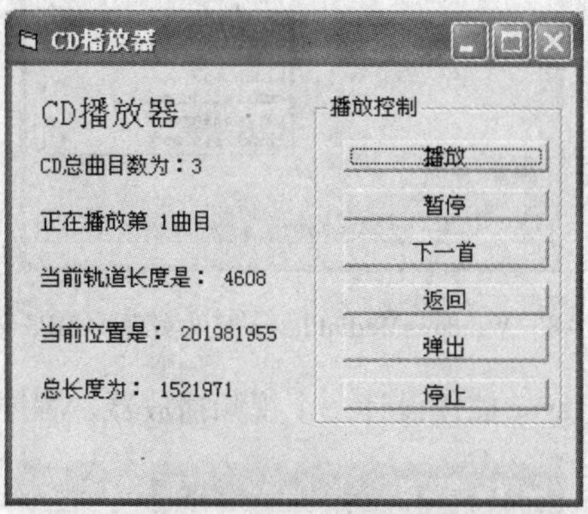

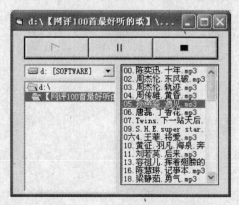

图 10 – 6　CD 播放器

10.1.5　任务 18 小结

　　多媒体控件指用来播放音频、视频文件的控件。VB 提供了几个多媒体播放控件，它们都是 ActiveX 控件，如 Animation 控件、Multimedia 控件和 WindowsMediaPlayer 控件。Animation 控件用来显示无声的 AVI 视频文件，MMControl 控件用来管理媒体控制接口设备上的多媒体文件的记录与回放，WindowsMediaPlayer 控件可以用来播放多种音频、视频文件。

练习

　　1. 利用 MMControl 控件设计一个 MP3 播放器。程序界面如图 10 – 7 所示。

图 10 – 7　WindowsMediaPlayer 控件实现的 MP3 播放器

2. 利用 WindowsMediaPlayer 控件播放 MP3 音乐文件，程序执行时单击文件列表中的 MP3 文件，即可以播放。程序执行界面如图 10 - 8 所示。

图 10 - 8　WindowsMediaPlayer 控件实现的 MP3 播放器

3. 利用 WindowsMediaPlayer 控件设计一个视频播放器，程序执行界面如图 10 - 9 所示。

图 10 - 9　WindowsMediaPlayer 控件实现的视频播放器

第 11 章 网络编程

11.1 任务 19 发送邮件程序

11.1.1 学习目的

1. 理解 SMTP 协议的基本原理。
2. 会用 Winsock 控件设计网络通信类程序。

11.1.2 工作任务

设计发送邮件的程序。程序执行时输入邮件发送方的电子邮件地址、用户名、密码、邮件接收方的电子邮件地址、邮件主题和正文等信息，单击发送邮件按钮时将邮件发送出去，同时还能够在状态栏上实时显示邮件发送状态。

11.1.3 背景知识

1. SMTP 指令

客户端一些常用的 SMTP 指令如下。

HELO hostname：用于与服务端打招呼并告知客户端使用的计算机名字，可以随便填写。

MAIL FROM：sender_ id：用于告诉服务端发信人的地址。

RCPT TO：receiver_ id：用于告诉服务端收信人的地址。

DATA：表示下面要开始传输信件内容，且最后要以只含有 "."的特殊行结束。

RESET：用于取消刚才的指令，重新开始。

VERIFY userid：用于判断校验账号是否存在（此指令为可选指令，服务端可能不支持）。

QUIT：用于退出连接。

服务端返回的响应信息格式为：响应码 + 空格 + 解释，其中常用响应码如下。

220：服务就绪（连接成功时，会返回此信息）。

221：正在处理。

250：请求邮件动作正确，完成 HELO，MAIL FROM，RCPT TO，QUIT 指令，执行成功会返回此信息。

354：开始发送数据，结束以 "."为标记。（DATA 指令执行成功会返回此信息，客户端应发送信息）。

500：语法错误，命令不能识别。

550：指令不能执行，邮箱无效。

552：中断处理，用户邮件超出文件空间。

2. Winsock 控件的常用属性

BytesReceived 属性：设置当前在接收端缓冲区内接收数据的数量。使用 GetData 方法来获取数据。

LocalHostName 属性：设置本地计算机名。在设计时是只读的，而且是不可用的。

LocalIP 属性：设置本地计算机的 IP 地址。在设计时是只读的，而且是不可用的。

LocalPort 属性：设置本地端口。在设计时是可读、可写、可用的。

提示：对客户端来说，该属性指定发送数据的本地端口。如果应用程序不需要特定端口，则指定 0 为端口号。在这种情况下，Winsock 控件将选择一个随机端口。在建立起连接之后，这就是用于 TCP 连接的本地端口。对于服务端来说，这是用于监听的本地端口。如果指定的是端口 0，就使用一个随机端口。当调用了 Listen 方法后，LocalPort 属性就包含了已选定的实际端口。

Protocol 属性：设置 Winsock 控件所使用的协议，一种是 TCP 协议，另一种是 UDP 协议。对应的 VB 常数分别是 sckTcpProtocol 和 sckUDPProtocol。Winsock 控件使用的默认协议是 TCP 协议。Protocol 属性可以在运行时设置，但是必须是在连接未建立之前或者连接已经断开后设置。

RemoteHost 属性：设置远程计算机，Winsock 控件向它发送数据或从它那里接收数据。既可提供主机名，也可提供点格式下的 IP 地址字符串。

RemoteHostIP 属性：设置远程计算机的 IP 地址。

提示：对于客户端应用程序来说，用 Connect 方法建立连接后，RemoteHostIP 属性就包含了远程计算机的 IP 字符串。对于服务端应用程序来说，在请求连接（ConnectionRequest 事件）之后，RemoteHostIP 属性就包含了远程计算机的 IP 字符串，该字符串启动了连接。当使用 UDP 协议时，在 DataArrival 事件出现之后，属性包含了发送 UDP 数据的计算机的 IP 地址。

RemotePort 属性：设置要连接的远程计算机的端口号。设置 Protocol 属性时，将对每个协议自动把 RemotePort 属性设置成适当的默认端口，常用默认端口号如下：80（HTTP），通常用于 World Wide Web 连接；21（FTP）用于文件传输。RemotePort 属性的默认值是 80，即采用 HTTP 方式。

SocketHandle 属性：设置一个与套接字句柄对应的值，控件用套接字句柄同 Winsock 层通信。在设计时是只读的，而且是不可用的。

State 属性：设置控件的连接状态。在设计时是只读的，而且是不可用的，只在运行时有效。其设置值为 0～9，用枚举类型来表示，分别表示关闭、打开、监听等十种状态，可以根据控件的不同状态来决定下一步的动作。设置值见表 11－1。

表 11－1 State 属性的设置值

控件的状态	状态值	描　述	控件的状态	状态值	描　述
SckClosed	0	关闭状态，默认值	SckHostResolved	5	已找到服务端
SckOpen	1	打开状态	SckConnecting	6	正在建立连接
SckListening	2	监听状态	SckConneted	7	已建立连接
SckConnectionPending	3	连接被挂起	SckClosing	8	正在关闭连接
SckResolvingHost	4	正在查找服务端	SckError	9	发生错误

3. Winsock 控件的常用方法

Connect 方法：当本地计算机希望和远程计算机建立固定的连接时，调用 Connect 方法。其语法格式如下：

> 对象名 . Connect RemoteHost, RemotePort

其中，RemoteHost 和 RemotePort 参数分别表示请求连接到远程计算机的计算机名和端口号。

Accept 方法：仅适用于 TCP 服务端应用程序，在处理 ConnectionRequest 事件时用 Accept 方法接受新连接。当服务端接收到客户端的连接请求后，服务端有权决定是否接收客户端的连接请求。如果服务端要接收客户端的连接请求，必须使用 Accept 方法。其语法格式如下：

> 对象名 . Accept requestID

其中，requestID 参数表示请求建立连接的计算机。

Accept 方法在 ConnectionRequest 事件中使用，ConnectionRequest 事件中有一个参数与 Accept 方法中的参数相对应，即 RequestID，应把参数传送给 Accept 方法。

下面为一个使用 Accept 方法接收新的连接：

```
Private Sub Winsock1_ConnectionRequest( ByVal requestID As Long)
    '测试 State 属性,如果当前连接是打开状态,则关闭连接
    If Winsock1. State < > sckClosed Then Winsock1. Close
    '将 requestID 参数值传递给 Accept 方法
    Winsock1. Accept requestID
End Sub
```

Bind 方法：指定用于 TCP 连接的 LocalPort 和 LocalIP。如果有多协议适配卡，就使用这个方法。其语法格式如下：

> 对象名 . Bind LocalPort , LocalIP

其中，LocalPort 参数是用来建立连接的端口，LocalIP 参数是用来建立连接的本地计算机的 Internet 地址。在调用 Listen 方法之前必须调用 Bind 方法。

在 UDP 协议下，用 Bind 方法可以把一个端口号固定为某个 Winsock 控件使用，使得别的应用程序不能使用这个端口。

Close 方法：对客户端和服务端应用程序关闭 TCP 连接或监听套接字。

GetData 方法：可以获取当前的数据块并将其存储在 Variant 变体类型的变量中。当本地计算机接收到远程计算机的数据时，数据存放在接收缓存中。要从接收缓存中取得数据，可以使用 GetData 方法。其语法格式如下：

> 对象名 . GetData data, [type,] [maxLen]

其中，data 参数指在 GetData 方法成功返回之后存储接收数据的地方。如果对请求的类型没有足够可用的数据，则 data 参数应设置为"Empty"；Type 参数指接收的数据类型；maxLen 参数指接收的字节数组或字符串的大小。

GetData 方法取得数据后，就把相应的接收缓存区清空。通常总是将 GetData 方法与 DataArrival 事件并用，而 DataArrival 事件包含 totalBytes 参数。如果指定一个比 totalBytes 参

数小的 maxLen，则将得到"剩余的字节将丢失"的警告。

下面的代码显示使用 GetData 方法接收数据。当 DataArrival 事件出现时，调用 GetData 方法接收数据，并将数据存储在字符串变量中，再将数据写到一个文本框控件 Text1 中。

```
Private Sub Winsock1_DataArrival (ByVal bytesTotal As Long)
    Dim Str As String
    Winsock1. GetData Str, vbString
    Text1. Text = Text1. Text & strData
End Sub
```

Listen 方法：创建套接字并将其设置为监听模式，Listen 方法仅适用于 TCP 连接。

PeekData 方法：PeekData 方法与 GetData 类似，只是不从输入队列中删除数据，适用于 TCP 连接。其语法格式如下：

object. PeekData data, [type,] [maxlen]

其中，data 参数指成功返回后保存数据的地方；type 参数指所接收的数据类型，如果所指定的类型为 vbString，则在返回到用户之前，字符串数据将转化为 UniCode；maxlen 参数指在获取数据时指定长度。

SendData 方法，将数据发送给远程计算机，其语法格式如下：

object. SendData data

其中，data 参数指要发送的数据，对于二进制数据应使用字节数组。

4. Winsock 控件的常用事件

Close 事件：当远程计算机关闭连接时发生 Close 事件。

Connect 事件：当一个连接操作完成时发生，可用来确认成功建立连接。

ConnectionRequest 事件：当远程计算机请求连接时在服务端程序中出现。仅适用于 TCP 服务端应用程序。在请求一个新连接时 ConnectionRequest 事件激活。激活之后，RemoteHostIP 和 RemotePort 属性将存储有关客户端的信息。

DataArrival 事件：连接建立后，服务端和客户端如果有任何一端接收到了新数据，都会触发 Winsock 控件的 DataArrival 事件。如果在接收到的数据之前，接收缓冲区非空，那么就不会触发 DataArrival 事件。在响应这个事件时，可以使用 GetData 方法从缓冲区中取得接收数据。同时 DataArrival 事件可以随时用 BytesReceived 属性检查可用的数据量。

Error 事件：无论何时只要后台处理中出现错误，如连接失败或收发数据失败，Error 事件就会发生。

SendComplete 事件：在完成一个发送操作时发生。

SendProgress 事件：在发送数据期间发生。其语法格式如下：

object_SendProgress (bytesSent As Long, bytesRemaining As Long)

其中，bytesSent 参数为已发送的字节数，bytesRemaining 参数是在缓冲区等待发送时的字节数。

11.1.4　实现步骤

利用 Winsock 控件可以进行网络通信编程。Winsock 控件提供了访问 TCP 和 UDP 网络服务的方便途径。当利用它编写网络应用程序时，不必了解 TCP 等协议的细节或调用低级的 Winsocks API 函数，只需通过设置控件的属性并调用其方法就可容易地实现网络信息交换。

Winsock 控件属于 ActiveX 控件，在"工程"菜单下的"部件"子菜单选项中选中"Microsoft Winsock Controls 6.0"，可以把 Winsock 控件添加到工具箱上。

程序界面如图 11 - 1 所示。

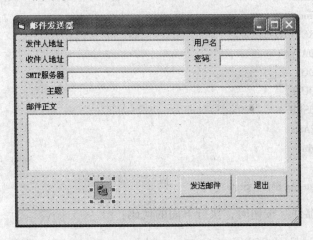

图 11 - 1　邮件发送器程序界面

程序中控件的部分属性设置见表 11 - 2。

表 11 - 2　属性设置

对　象	名　称	属　性	说　明
文本框 1	TxtFrom	Text	清空
文本框 2	TxtTo	Text	清空
文本框 3	TxtSMTP	Text	清空
文本框 4	TxtUser	Text	清空
文本框 5	TxtPassword	Text	清空
文本框 6	TxtSubject	Text	清空
文本框 7	TxtMessage	Text	请填写邮件正文
	MultiLine	True	多行显示
命令按钮 1	CmdSend	Caption	发送邮件
命令按钮 2	CmdExit	Caption	退出
状态栏	StatusBar1	Style	1-SbrSimple
WinSock 控件	WskEmail	Protocol	0-sckTCPProtocol

邮件发送时需用到 SMTP 指令。SMTP 指令是指客户端向服务端发出请求命令，而响应则是指服务端返回给客户端的信息。SMTP 指令分为指令头和信息体两部分。指令头主要完成客户端与服务端的连接、验证等。整个发送邮件过程由多条指令组成。每条指令发到服务

端后，由服务端给出响应信息，一般为 3 位数字的响应码和响应文本。每条指令及响应的最后都有一个回车符。SMTP 的指令及响应信息都是单行的。信息体则是邮件的正文部分，最后的结束行应以单独的点号（.）作为结束行。

编写代码时，首先打开代码窗体，在通用（General Decarlation）部分添加以下代码，其中 SMTP_ State 枚举类型用来标识 SMTP 指令的各个状态，m_ State 是一个 SMTP_ State 枚举类型的变量。

```
Private Enum SMTP_State
    MAIL_CONNECT
    MAIL_HELO
    MAIL_from
    MAIL_RCPTTO
    MAIL_DATA
    MAIL_DOT
    MAIL_QUIT
    MAIL_USER
    MAIL_PASS
    mail_login
End Enum
Private m_State As SMTP_State
```

当单击"发送邮件"按钮时，执行下面的代码：

```
Private Sub CmdSend_Click( )
    Dim SMTPServer As String
    WskEmail. Close
    '指定 0 为端口号,控件将选择一个随机端口
    WskEmail. LocalPort = 0
    SMTPServer = TxtSMTP. Text
    '连接到 SMTP 服务器 SMTPServer,端口号 25
    WskEmail. Connect SMTPServer ,25
    '当前连接状态
    m_State = MAIL_CONNECT
    lblStatus. Caption = " 正在连接与 SMTP 服务器 …… "
End Sub
```

在这个程序中最主要的工作就是编写 Winsock 控件的 DataArrival 事件代码，在 DataArrival 事件中根据 GetData 方法返回的 SMTP 响应信息来进行相应的操作，同时在 lblStatus 标签中显示当前发送邮件的状态。代码如下：

```
Private Sub WskEmail_DataArrival( ByVal bytesTotal As Long)
    Dim StrResponse     As String
    Dim CodeDoc         As String
    Dim StrSend         As String
    Dim Subject         As String
```

```
Dim Message          As String
Dim AllEmailData     As String

Subject = "Subject:" + Chr(32) + TxtSubject + vbCrLf        '邮件主题
Message = TxtMessage. Text + vbCrLf                         '邮件正文
AllEmailData = Subject + Message
WskEmail. GetData StrResponse
CodeDoc = Left(StrResponse,3)
If CodeDoc = "250" Or CodeDoc = "220" Or CodeDoc = "354" Or _
CodeDoc = "334" Or CodeDoc = "235" Then
    Select Case m_State
        Case MAIL_CONNECT
            m_State = MAIL_HELO
            StrSend = Trim $ (TxtFrom. Text)
            WskEmail. SendData "HELO " & StrSend & vbCrLf
            lblStatus = "连接服务端"
        Case MAIL_HELO
            m_State = MAIL_USER
            WskEmail. SendData "AUTH LOGIN" & vbCrLf
            lblStatus = "正在校验用户名"
        Case MAIL_USER
            m_State = MAIL_PASS
            '调用 B64E 算法
            WskEmail. SendData (B64E(TxtUser. Text)) & vbCrLf
            lblStatus = "校验密码"
        Case MAIL_PASS
            m_State = mail_login
            '调用 B64E 算法
            WskEmail. SendData (B64E(TxtPassword. Text)) & vbCrLf
            lblStatus = "发送人地址"
        Case mail_login
            m_State = MAIL_from
            WskEmail. SendData "MAIL FROM:" & Trim(TxtFrom. Text) & vbCrLf
            lblStatus = "收件人地址"
        Case MAIL_from
            m_State = MAIL_RCPTTO
            WskEmail. SendData "RCPT TO:" & Trim(TxtTo. Text) & vbCrLf
            lblStatus = "邮件发送中……"
        Case MAIL_RCPTTO
            m_State = MAIL_DATA
            WskEmail. SendData "DATA" & vbCrLf
            lblStatus = "邮件正文"
        Case MAIL_DATA
```

```
                m_State = MAIL_DOT
                WskEmail. SendData "From:" & TxtUser. Text & "  <" & TxtFrom. Text & " >" & vbCrLf
                WskEmail. SendData "To:" & TxtTo. Text & "  <" & TxtTo. Text & " >" & vbCrLf
                WskEmail. SendData AllEmailData & vbCrLf
                WskEmail. SendData Subject & vbCrLf
                WskEmail. SendData "." & vbCrLf
                lblStatus = "邮件发送完毕"
            Case MAIL_DOT
                m_State = MAIL_QUIT
                WskEmail. SendData "QUIT" & vbCrLf
                lblStatus = "成功发送邮件!"
            Case MAIL_QUIT
                WskEmail. Close
                lblStatus = "空闲"
            End Select
        Else
            WskEmail. Close
        End If
    End Sub
```

其中，在向 SMTP 服务器发送用户名和密码时调用 B64E 编码算法，代码如下：

```
Function B64E(inData)        'base64 编码算法
Const BASE64_TABLE = "ABCDEFGHIJKLMNOPQRSTUVWXYZabcdefghijklmnopqrstuvwxyz 0123456789 +/"
    Dim sOut,cOut,i

    For i = 1 To Len(inData) Step 3
        Dim nGroup As Long
        Dim pOut,sGroup

        nGroup = &H10000 * Asc(Mid(inData,i,1)) + _
                &H100 * MyAsc(Mid(inData,i + 1,1)) + _
                MyAsc(Mid(inData,i + 2,1))
        sGroup = Oct(nGroup)
        sGroup = String(8 - Len(sGroup),"0") + sGroup
        pOut = Mid(BASE64_TABLE,CLng("&o" + Mid(sGroup,1,2)) + 1,1) _
            + Mid(BASE64_TABLE,CLng("&o" + Mid(sGroup,3,2)) + 1,1) _
            + Mid(BASE64_TABLE,CLng("&o" + Mid(sGroup,5,2)) + 1,1) _
            + Mid(BASE64_TABLE,CLng("&o" + Mid(sGroup,7,2)) + 1,1)
        sOut = sOut + pOut
        If (i + 2) Mod 57 = 0 Then sOut = sOut + vbCrLf
    Next i

    Select Case Len(inData) Mod 3
        Case 1
            sOut = Left(sOut,Len(sOut) - 2) + " == "
```

```
            Case 2
                sOut = Left( sOut, Len( sOut ) − 1) + " = "
        End Select
        B64E = sOut
    End Function
```

　　提示：Base64 是网络上最常见的用于传输 8 字节代码的编码方式之一，在发送电子邮件时，服务器认证的用户名和密码需要用 Base64 编码，附件也需要用 Base64 编码。关于 Base64 算法的有关知识，感兴趣的读者请查阅有关书籍。

　　程序执行界面如图 11 – 2 所示。

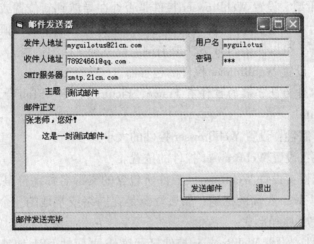

图 11 – 2　邮件发送器

11.1.5　任务 19 小结

　　SMTP 指令指客户端向服务端发出请求命令，SMTP 指令分为指令头和信息体两部分。指令头主要完成客户端与服务端的连接、验证等，整个发送邮件过程由多条指令组成。每条指令发到服务端后，由服务端给出响应信息，一般为 3 位数字的响应码和响应文本，每条指令及响应的最后都有一个回车符。响应则是指服务端返回给客户端的信息，SMTP 的指令及响应信息都是单行的。信息体则是邮件的正文部分，最后的结束行应以单独的点号（"."）作为结束行。

　　Winsock 控件是一个对用户来说不可见的 ActiveX 控件，它提供了访问 TCP 和 UDP 网络服务的方便途径。利用它编写网络应用程序时，不必了解 TCP 等协议的细节或调用低级的 Winsocks API 函数，只需通过设置控件的属性并调用其方法就可轻易连接到一台远程机器上实现信息的交换。

11.2　任务 20　制作 Web 浏览器

11.2.1　学习目的

1. 了解 Web 浏览器的基本知识。
2. 会用 WebBrowser 控件设计浏览器程序。

11.2.2　工作任务

用 WebBrowser 控件设计 Web 页面浏览器程序，在浏览 Web 页面时，能够实现 "上一页"、"下一页"、"停止"、"刷新" 等功能。

11.2.3　背景知识

1. WebBrowser 控件的主要属性

Application 属性：设置包含 HTML 文档所显示的 OLE 自动化对象。

Busy 属性：逻辑型，设置 WebBrowser 控件是否处在导航到新位置或者下载文件的过程中。如果属性值指为 False，则表示 Web 页面已经完全打开；如果属性值为 True，表示 Web 页面还没有完全打开，可以使用 Stop 方法取消浏览或下载文档的过程。

Container 属性：设置 WebBrowser 控件的包容器。

提示：通常可以作为包容器的控件有 Frame，PictureBox 和 SSTab 等。如 Set WebBrowser1. Container = Picture1。

Height 和 Width 属性：设置 WebBrowser 控件的大小。

Top 和 Left 属性：设置 WebBrowser 控件的位置。

LocationName 属性：设置 WebBrowser 控件所包含的资源名称字符串。如果文件 Internet 上的 HTML 页，则是 Web 页面的标题；如果资源是在网络或本地的一个文件夹或文件，则是文件夹或文件的完整路径形式。

LocationURL 属性：设置 WebBrowser 控件显示 Web 页面的 URL 地址。如果资源是在网络或本地的一个文件夹或文件，则显示文件夹或文件的完整的路径形式。如 Msgbox（webBrowser1. LocationURL），执行后显示为所浏览的 Web 页面的 URL 地址。

Offline 属性：设置是否允许脱机浏览，属性值是 Boolean 型。如果属性值为 True，则浏览器每次都从本地 Cache 的临时文件夹中读取 HTML 页面。如果属性值为 False，则浏览器都从 Web 服务器上下载页面。

RegisterAsBrowser 属性：设置是否把当前的浏览器注册为默认的浏览器。以后系统就会自动打开默认浏览器查看网络信息。

ReadyState 属性：设置打开 Web 页面或文件的读取状态，设置值见表 11 – 3。

表 11 –3　ReadState 属性的设置值

常　　　量	值	说　　　明
READYSTATE_UNINITIALIZED	0	默认初始状态
READYSTATE_LOADING	1	正在载入
READYSTATE_LOADED	2	已经初始化
READYSTATE_INTERACTIVE	3	交互状态
READYSTATE_COMPLETE	4	读取完毕

Type 属性：设置 WebBrowser 控件包含的文档对象类型。如当包含 HTML 文档时，Type 属性值是 "Windows HTML Viewer"。

2. WebBrowser 控件的主要方法

Navigate 方法：用来导航到 Web 站点。其语法格式如下：

对象名 . Navigate URL［Flags,］［TargetFrameName,］［PostData,］［Headers］

其中，参数 URL 指定显示资源的 URL，必需的。

参数 Flags 表示是否将资源加进历史列表中，是否读取或写入缓冲区，以及是否在新窗口中显示资源，参数 Flags 的设置值见表 11 – 4。

表 11 – 4　参数 Flags 的设置值

常　　量	值	说　　明
NavOpenNewWindow	1	在新窗口中打开文件
NavNoHistory	2	不加入历史列表
NavNoReadFormCache	3	不从缓冲区中读取数据
NavNoWriteCasche	4	不把结果写入缓冲区

参数 TargetFrameName 为打开目标页面所在的帧名，为空字符串时表示在当前帧打开，TargetFrameName 指定的帧存在时在该帧打开，不存在时则新建一个窗口打开，此时就相当于调用外部的 IE 浏览器了。

参数 PostData 指发送到服务器的字符串数据。

参数 Headers 指发送的 URL 请求的标题头数据。

GoBack、GoForward 方法：分别可在 History（历史列表）的 Web 页中后退或前进。

GoHome 方法：调用默认的主页页面，该页面在 IE 选项中设定。

GoSearch 方法：调用默认的搜索页面，该页面在 IE 选项中设定。

Navigate 方法：指定查看的资源，该资源必须用一个 URL 来标识。

Navigate2 方法：是对 Navigate 方法的扩展，支持本机上对文件夹进行导航。

Refresh 方法：刷新当前打开的页面或文件。

Stop 方法：停止调用或打开当前页面的过程。

3. WebBrowser 控件的主要事件

BeforeNavigate2 事件：发生在浏览器转向到一个新的 URL 之前。调用 Navigate 方法可以触发本事件。应用程序可以将 BeforeNavigate2 事件中的 Cancel 参数设置为 True，来取消上述操作。

DocumentComplete 事件：当文档导航状态在 READYSTATE_COMPLETE 时发生。

DownloadBegin 事件：在页面转移开始时发生，在 BeforeNavigate2 事件发生后就失效，除非导航过程被中止，此时应用程序显示忙或指针形状发生了改变。每一个 DownloadBegin 事件都必须有一个相关的 DownloadComplete 事件。

DownloadComplete 事件：在页面转移完成后发生，而不管下载操作是否成功，区别于 NavigateComplete 事件只有在成功完成下载任务时才发生，每一个 DownloadComplete 事件都必须有一个相关的 DownloadBegin 事件。

NavigateComplete2 事件：在成功完成下载任务时才发生，即已经成功找到了 Web 页面的 URL 地址，此时 Web 页面也许还没有完成下载，但至少有部分页面已经下载到本地，比如说 Web 页的 HTML 信息已经完成下载而图片信息还正在下载，但此时可通过 Web 浏览器浏览。

NewWindow2 事件：在新窗口被创建时发生。有时不需要弹出新的窗口时，如可以通过下面的代码取消 Web 页面的弹出窗口：

```
Private Sub WebB1_NewWindow2(ppDisp As Object,Cancel As Boolean)
    Cancel = True                    '取消弹出新窗口
End Sub
```

ProgressChange 事件：在打开 Web 页面的进度变化时发生，WebBrowser 控件可以从此事件中跟踪下载操作的进程。

TitleChange 事件：在文档的标题发生变化时发生。

11.2.4　实现步骤

Internet 提供了各种服务，如 Web，E-mail，Telnet，FTP 等，其中 Web 是经常使用的服务。Web 是在因特网基础上发展起来的一种新技术，用户可以采用 HTML（超文本传输协议）实现文字、图像、声音等多媒体信息在 Web 服务器与 Web 浏览器之间进行传输。

浏览 Web 页面，就要有相应的 Web 客户端程序，也就是浏览器（WebBrowser）。Internet Explorer（IE）浏览器是目前最常用的浏览器。

WebBrowser 控件采用 HTTP 协议从 Web 站点上下载 Web 页面到控件的窗口中供用户浏览，还可以用 WebBrowser 控件打开本地文件。利用 WebBrowser 控件可以实现浏览 Web 站点、下载数据和查看文档等功能，WebBrowser 控件可以支持导航功能，即用户可以向前或向后浏览 Web 站点的文件。

WebBrowser 控件是一个 ActiveX 控件，默认情况下不在工具箱中，需从"Microsoft Internet Controls"部件中添加。

在窗体上添加一个 WebBrowser 控件，设置其"Name"属性为 Web1，然后打开"菜单编辑器"，菜单项设置见表 11 – 5。

表 11 – 5　菜单项设置

菜 单 项	标　题	名　　称	内缩符号
文件	文件（&F）	mnuFile	无
打开	打开（&O）	mnuOpen	……
［分隔线］	—	mnuBar	……
退出	退出（&X）	mnuExit	……

接着在窗体上添加一个 ToolBar 控件，一个 ImageList 控件、一个 StatusBar 控件和一个 CommonDialog 控件，分别命名 ToolBar1，ImageList1，StatusBar1 和 CommonDialog1。这四个控件都是 ActiveX 控件，需要先从"部件"中添加到工具箱中。

接下来设置工具栏控件。右击 ToolBar1 控件，在弹出菜单中选中"属性"，设置 Tool-Bar1 的"属性页"。ToolBar1 属性页共有"通用"、"按钮"、"图片"三个选项卡。先在

"通用"选项卡签中设置图像列表为 ImageList1，这样 ToolBar1 控件就可以使用 ImageList1 控件里的图片了。接着在"按钮"选项卡中选择"插入按钮"命令按钮添加 6 个按钮，可以看到索引号为 1～6，依次设置关键字为"Prev"，"Next"，""，"Stop"，"Fresh"和"Home"。其中索引号为 3 的关键字为""，表示是分隔号，所以同时要设置索引号为 3 的按钮"样式"为"3-tbrSeparator"。

因本例图像列表 ImageList1 中的图片均含有相应的文字，故工具栏上的按钮设置中的"标题"文本框可以不用输入信息。设置好的按钮属性见表 11 – 6。

提示：通常数组的下标都是从 0 开始的，而这里的工具栏的按钮"索引"是从 1 开始的。另外，下面的图像列表中的索引也是从 1 开始的。

表 11 – 6　工具栏上的按钮设置

索　引	关　键　字	样　式	标　题	工具提示文本
1	Prev	0-tbrDefault		上一页
2	Next	0-tbrDefault		下一页
3		0-tbrSeparator		
4	Stop	0-tbrDefault		停止
5	Fresh	0-tbrDefault		刷新
6	HomePage	0-tbrDefault		主页

接着设置图像列表控件。右击 ImageList1 控件，在弹出菜单中选中"属性"，设置 ImageList1 的"属性页"，ImageList1 属性页共有"通用"、"图像"、"颜色"三个选项卡。对于本程序，只需在"图像"选项卡中添加 6 个图像即可，这里要注意与 ToolBar1 控件的按钮相互对应，添加好的 ImageList1 控件的属性页的图像选项卡如图 11 – 3 所示。

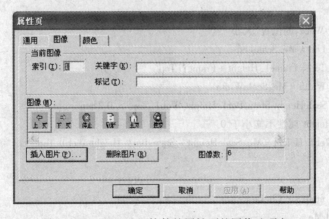

图 11 – 3　ImageList1 控件的属性页的图像选项卡

另外，在窗体上添加一个 Frame 框架，设置其 Name 属性为 Frame1，在框架 Frame1 上再添加一个标签和一个组合框，设置标签的 Name 属性为 Label1，Caption 属性为"地址："；设置组合框的 Name 属性为"Combo1"。

设计完成的程序界面如图 11 – 4 所示。

图 11 – 4　Web 浏览器程序界面

完整的程序代码如下:

```
Private Sub Form_Load( )
    Combo1. Text = " "
    Web1. Navigate Combo1. Text
End Sub

Private Sub Form_Resize( )
    '重置 Frame 框架的大小,以适应窗口的大小
    Frame1. Move Me. ScaleLeft,Frame1. Top,Me. ScaleWidth
    If Frame1. Width > Combo1. Left + Label1. Left Then
        'Width 属性不能小于 0
        Combo1. Width = Frame1. Width-Combo1. Left-Label1. Left
    End If
    '重置 Web1 的位置、大小
    Web1. Left = Me. ScaleLeft
    Web1. Top = Frame1. Height + Frame1. Top
    Web1. Width = Me. ScaleWidth
    If Me. ScaleHeight-StatusBar1. Height-Web1. Top > 0 Then
        'Height 属性不能小于 0
        Web1. Height = Me. ScaleHeight – StatusBar1. Height-Web1. Top
    End If
End Sub
Private Sub mnuExit_Click( )
    Unload Me
End Sub

Private Sub mnuOpen_Click( )
    '指定文件过滤器
    CommonDialog1. Filter = " Web 文档 ( ∗ . htm)｜∗ . htm" + "｜所有文件 ( ∗ . ∗ )｜∗ . ∗ "
    CommonDialog1. FileName = " "
    CommonDialog1. ShowOpen                    '显示"打开文件"对话框
```

```
    If Len(CommonDialog1. FileName) < 1 Then          '正确返回文件名
        Exit Sub
    End If
    Combo1. Text = CommonDialog1. FileName
    Combo1_Click                                       '自动触发列表框的单击事件
End Sub
Private Sub Combo1_Click( )
    If Len(Combo1. Text) <= 0 Then
        Exit Sub
    End If
    Web1. Navigate Combo1. Text                         '开始下载 Web 页
End Sub
Private Sub Combo1_KeyPress(KeyAscii As Integer)
    If KeyAscii = vbKeyReturn Then                      '回车键代替单击事件
        Call Combo1_Click
    End If
End Sub
Private Sub Toolbar1_ButtonClick(ByVal Button As Button)
    On Error GoTo Error                                '添加错误处理
    Select Case Button. Key
      Case "Prev"
          Web1. GoBack
      Case "Next"
          Web1. GoForward
      Case "Stop"
          Web1. Stop
      Case "Fresh"
          Web1. Refresh
      Case "HomePage"
          Web1. GoHome
    End Select
    Exit Sub                                           '退出子程序
    Error                                              '错误处理
    Resume Next                                        '忽略错误,继续执行
End Sub
Private Sub Web1_BeforeNavigate2(ByVal pDisp As Object, URL As Variant, Flags As Variant, Target-
FrameName As Variant, PostData As Variant, Headers As Variant, Cancel As Boolean)
    StatusBar1. SimpleText = "正在连接到：" + URL
End Sub
Private Sub Web1_DownloadComplete( )
    On Error Resume Next
    Me. Caption = Web1. LocationName
End Sub
```

```
Private Sub Web1_NavigateComplete2(ByVal pDisp As Object, URL As Variant)
    StatusBar1. SimpleText = " 当前位置为： " + URL
End Sub
Private Sub Web1_StatusTextChange(ByVal Text As String)
    StatusBar1. SimpleText = Text
End Sub
```

当单击 ToolBar1 上的按钮时，触发 ToolBar1_ ButtonClick 事件，在该事件中针对不同的动作做出不同响应。当用户调整窗体大小时，触发 Form_ Resize 事件，在该事件中重置了 Frame 框架的大小，以适应窗口的大小，以及重置 WebBrowser 控件的位置、大小。另外代码中多处在 StausBar1 状态条上及时显示当前的下载过程及相关信息等。

执行程序时，在地址栏输入新浪网网址 www. sina. com，如图 11 - 5 所示。

图 11 - 5   浏览网页

注意：上面的代码中使用了 On Error 语句用来捕获错误。On Error 语句有三种语法格式：

① On Error Goto <标签或行号 >

② On ErrorResume Next

③ On Error Goto 0

对于①，On Error 语句启动错误处理程序，当发生运行时错误时，则程序会跳到由标签或者行号所指定的位置，激活该位置的错误处理代码程序。由标签或者行号所指定的位置必须位于发生错误的过程中，如果过程中不存在这个位置，则VB 6.0 将会产生一个编译错误。

对于②，当发生运行时错误时，继续执行程序。对于这种情况可以将错误处理代码直接放在可能发生错误的过程中，而不用像 On Error Goto 语句那样到指定的位置上去执行。

对于③，则禁止当前过程中任何已启动的错误处理程序。

如果在程序中不使用 On Error 语句，则运行时产生的任何错误都是严重的，并有可能造成程序中止执行。

11.2.5　任务 20 小结

WebBrowser 控件采用 HTTP 协议从 Web 站点上下载 Web 页面到控件的窗口中供用户浏览，还可以用 WebBrowser 控件打开本地文件。利用 WebBrowser 控件可以实现浏览 Web 站点、下载数据和查看文档等功能，WebBrowser 控件可以支持导航功能。重点介绍了 WebBrowser 控件的主要属性、方法和事件。

11.3　任务 21　FTP 客户端程序

11.3.1　学习目的

1. 理解 FTP 的基础知识。
2. 会用 Internet Transfer 控件设计网络文件传输程序。

11.3.2　工作任务

使用 Internet Transfer 控件设计一个 FTP 客户端程序。

11.3.3　背景知识

1. Internet Transfer 控件的主要属性

AccessType 属性：决定该控件用来与 Internet 进行通信的访问类型，是通过代理访问还是直接访问。设置值见表 11 - 7。

表 11 - 7　AccessType 属性的设置值

常　　量	值	说　　明
icUseDefault	0	默认值，在注册表中找到的默认设置值来访问 Internet
icDirect	1	直接连到 Internet
icNamedProxy	2	使用 Proxy 属性中指定的代理服务器

Document 属性：设置与 Execute 方法一起使用的文件或文档。如果未指定该属性，将返回服务器中的默认文档。

Password 属性：设置密码，该密码将和请求一起被发送，用以在远程计算机上登录。

Protocol 属性：设置使用的协议。可能的设置值见表 11 - 8。

表 11 - 8　Protocol 属性的设置值

常　　量	值	说　　明	常　　量	值	说　　明
icUnknown	0	未知	icReserved	3	预留
icDefault	1	默认协议	icHTTP	4	超文本传输协议
icFTP	2	文件传输协议（FTP）	icHTTPS	5	安全 HTTP

Proxy 属性：设置 Internet 进行通信的代理服务器的名称。只有当 AccessType 属性设置值为 3（icNamedProxy）时，才使用该属性。

RequestTimeout 属性：设置在超时截止之前，按秒计算的等待时间长度。如果请求在指定的时间内还没有响应，并且该请求使用 OpenURL 方法（同步地），就会产生错误；如果请求使用 Execute 方法，将引发带错误码的 StateChanged 事件。把该属性设置为 0，则意味着不限定等待时间。

ResponseInfo 属性：设置发生错误的文本信息，可通过 ResponseCode 属性获取。

StillExecuting 属性：逻辑值，指明 Internet Transfer 控件是否处于忙状态。

提示：如果该控件正在做诸如从 Internet 上检索文件之类的操作，将返回 True（1）。当该控件处于忙时，不响应其他的请求。返回 False（0），处于空闲状态。

URL 属性：设置 Execute 或 OpenURL 方法使用的 URL。

UserName 属性：设置与请求一起发送到远程计算机的用户名。默认为"anonymous（匿名）"。

2. Internet Transfer 控件的主要方法

Cancel 方法：取消当前请求，并关闭当前创建的所有连接。

Execute 方法：执行对远程服务器的请求。其语法格式如下：

    对象 . Execute url , operation , data , requestHeaders

其中，这里的对象指 Internet Transfer 控件。url 为可选的字符串，指定控件将要连接的 URL。如果这里未指定 URL，将使用 URL 属性中指定的 URL。

operation 是可选的，指定将要执行的操作类型。所支持的操作类型见表 11 – 9。

表 11 – 9　operation 的设置值

运　　算	描　　述
GET	检索由 URL 属性指定的 URL 中的数据
HEAD	发送请求的标头
POST	传递数据给服务器，该数据在 data 参数中，这是 GET 的替代方法
PUT	ut 操作。被替代的页面名在 data 参数中

data 是可选的，指定用于操作的数据字符串。

requestHeaders 是可选的，指定由远程服务器传来的附加的标头字符串。其语法格式如下：

    header name : header value vbCrLf

FTP 协议使用单个字符串，该字符串包含操作名及操作所需的其他参数。即不使用 data 和 requestHeaders 参数；所有的操作及操作的参数是在 operation 参数中作为单个字符串来传递的，各参数间由空格分隔。FTP 操作的语法格式如下：

    operationName file1 file2.

例如，为获得一个文件，下面的代码调用 Execute 方法，该方法包含着操作名"GET"及此操作所需的两个文件名。

    Inet1. Execute "FTP : //10. 12. 2. 156" , "GET readme. txt C : \readme. txt"

Operation 参数支持的有效 FTP 设置值见表 11 – 10。

表 11 – 10　Operation 支持的有效 FTP 设置值

运　　算	描　　述
CD < file1 >	改变到 file1 中指定的目录
CDUP	改变到父目录，等效于 "CD. ."
CLOSE	关闭当前的 FTP 连接
DELETE < file1 >	删除 file1 中指定的文件
DIR < file1 >	搜索 file1 中指定的目录，如果没有指定 file1，将返回当前整个工作目录
GET < file1 > < file2 >	检索 file1 中指定的远程文件，并创建 file2 中指定的新本地文件
MKDIR < file1 >	创建 file1 中指定的目录
PUT < file1 > < file2 >	file1 指定的本地文件到 file2 指定的远程主机上
PWD	打印工作目录。返回当前目录名。使用 GetChunk 方法返回数据
QUIT	终止当前用户
RECV	等效于 GET
RENAME < file1 > < file2 >	将 file1 中命名的远程文件重命名为 file2 中指定的新名称
RMDIR < file1 >	删除 file1 中指定的远程目录
SEND < file1 > < file2 >	等效于 PUT
SIZE < file1 >	返回 file1 指定的目录的大小

　　上面列出的许多命令都只有当用户在主机服务器上具有相应的权限时，才能够执行。

　　GetChunk 方法：从 StateChanged 事件中检索数据。把 Execute 方法当作 GET 操作来调用之后使用该方法。其语法格式如下：

　　　　对象 . GetChunk(size [, datatype])

　　其中，size 是必需的，决定被检索块的大小。

　　datatype 是可选的，决定被检索块的数据类型，设置值见表 11 – 11。

表 11 – 11　datatype 参数的设置值

常　　数	值	说　　明
icString	0	默认值，把数据作为字符串来检索
icByteArray	1	把数据作为字节数组来检索

　　GetHeader 方法：用于检索 HTTP 文件的标头文本。

　　OpenURL 方法：打开并返回指定 URL 的文档。文档以变体型返回。该方法完成时，URL 的各种属性将被更新，以符合当前的 URL。

　　提示：OpenURL 方法的返回值取决于 URL 的目标。例如，如果 URL 的目标是某个 FTP 服务器的目录，将返回该目录。另外，如果目标是一个文件，则检索该文件。

　　当使用 OpenURL 方法时，在设置 Password 和 UserName 属性之前，需设置 URL 属性。如果最后设置 URL 属性，UserName 和 Password 属性将被置为 " "。

3. Internet Transfer 控件的主要事件

StateChanged 事件：连接中状态发生改变，就会引发该事件。其语法格式如下：

object_StateChanged(ByVal State As Integer)

其中 State 参数是一个整数。设置值见表 11 – 12。

表 11 – 12　State 参数的设置值

常　　数	值	说　　明
icNone	0	无状态可报告
icHostResolvingHost	1	正在查询所指定的主机的 IP 地址
icHostResolved	2	已成功地找到所指定的主机的 IP 地址
icConnecting	3	正在与主机连接
icConnected	4	已与主机连接成功
icRequesting	5	正在向主机发送请求
icRequestSent	6	发送请求已成功
icReceivingResponse	7	正在接收主机的响应
icResponseReceived	8	已成功地接收到主机的响应
icDisconnecting	9	正在解除与主机的连接
icDisconnected	10	已成功地与主机解除了连接
icError	11	与主机通信时出现了错误
icResponseCompleted	12	请求已经完成，并且所有数据均已接收到

11.3.4　实现步骤

FTP（File Transfer Protocol），即文件传输协议，是用来传输文件的一种协议，也就是说通过 FTP 可以在 Internet 上的任意两台计算机间互传文件。

使用 FTP 传输文件，本来用户事先应在远程系统注册，但为了便于使用，FTP 在 Internet 上广泛应用匿名登录，任何用户可以使用 FTP 和一个公用账号（通常账号名是 anonymous）去获得一些公用资源。在 Internet 上有许多这样提供 FTP 服务的公用计算机，把这种作为匿名 FTP 服务的计算机称为 FTP 服务器，对每一个连入 Internet 的用户，只要知道这些 FTP 服务器的地址，就可以与它们连接并获取上面各种资源。

Internet Transfer 控件实现了广泛使用的 HTTP 和 FTP 协议。使用 Internet Transfer 控件可以通过 OpenURL 或 Execute 方法连接到任何使用这两个协议的站点并检索文件。

首先从 "Microsoft Internet Transfer Control 6.0" 部件中添加 Internet Transfer 控件。接着在窗体上添加一个 Internet Transfer 控件、一个 StatusBar 控件、四个标签、四个文本框、四个按钮及两个定时器。

程序中所用控件的部分属性设置见表 11 – 13。

表 11 – 13　属性设置

对　　象	名　　称	属　　性	说　　明
Internet Transfer 控件	Inet1	AccessTyle	1-icdirect
		Protocol	2-icFTP

续表

对　象	名　称	属　性	说　明
状态条	StatusBar1	Style	1-sbrSimple
文本框 1	txtftp	Text	清空
文本框 2	txtUser	Text	清空
文本框 3	txtpwd	Text	清空
文本框 4	txtport	Text	21
命令按钮 1	cmdopen	Caption	连接
命令按钮 2	cmdput	Caption	上传文件
命令按钮 3	cmdget	Caption	下载文件
命令按钮 4	cmdclose	Caption	断开
定时器 1	Timer1	Enabled	True
		Interval	50
定时器 2	Tiemr2	Enabled	True
		Interval	50

设计完成的程序界面如图 11 - 6 所示。

图 11 - 6　文件上传和下载程序界面

完整的程序代码如下：

```
Dim inetState As Integer                          '状态变量
Private Sub cmdclose_Click( )
    Inet1. Cancel '断开
End Sub

Private Sub cmdget_Click( )
    Inet1. Execute Inet1. URL ," get Readme. Dat E:\Readme. Dat " '下载文件
End Sub

Private Sub cmdopen_Click( )
    Dim URLstr As String
    Inet1. Protocol = icFTP                        '协议
    Inet1. RemoteHost = "11. 2. 120. 244"          '远程主机
    Inet1. RemotePort = 21                         '端口
    Inet1. UserName = " mdx"                        '用户名
    Inet1. Password = " * * * "                     '密码,这里用 * * * 代替
```

```
        URLstr = "ftp://mdx:***@11.2.120.244"            'URL 链接字符串
        Inet1. Execute URLstr                             '建立连接
    End Sub

    Private Sub cmdput_Click( )                           '上传文件
        Inet1. Execute Inet1. URL, "put E:\Readme. Dat Readme. Dat"
    End Sub

    Private Sub Timer1_Timer( )
        DoEvents
        If Inet1. StillExecuting Then                     '处于忙状态
            StatusBar1. SimpleText = "等待中……"
        Else
            If inetState = 12 Then                        '请求结束且数据已经接收到
            Timer1. Enabled = False
            End If
        End If
    End Sub

    Private Sub Inet1_StateChanged( ByVal State As Integer)
        inetState = State
        DoEvents
    End Sub

    Private Sub Timer2_Timer( )
        DoEvents
        StatusBar1. SimpleText = Inet1. ResponseInfo      '返回最后发生的错误的文本
        Select Case inetState                             '显示不同的状态信息
            Case 0：StatusBar1. SimpleText = "未连接"
            Case 1：StatusBar1. SimpleText = "正在查询主机的 IP 地址"
            Case 2：StatusBar1. SimpleText = "已成功找到指定主机的 IP 地址"
            Case 3：StatusBar1. SimpleText = "正在与指定主机进行连接"
            Case 4：StatusBar1. SimpleText = "已成功与指定主机连接"
            Case 5：StatusBar1. SimpleText = "正在向主机发出请求"
            Case 6：StatusBar1. SimpleText = "已成功向主机发出请求"
            Case 7：StatusBar1. SimpleText = "正在从主机接收反馈信息"
            Case 8：StatusBar1. SimpleText = "已成功从主机接收反馈信息"
            Case 9：StatusBar1. SimpleText = "正在与主机断开"
            Case 10：StatusBar1. SimpleText = "已与主机断开"
            Case 11：StatusBar1. SimpleText = "在与主机通信的过程中发生错误"
            Case 12：StatusBar1. SimpleText = "请求结束且数据已经接收到"
        End Select
    End Sub
```

为了测试程序方便，可以利用 Internet 信息服务器搭建一个 FTP 服务器。在执行程序时，刚开始在状态栏上显示"未连接"信息，分别在文本框中输入 FTP 服务器、用户名、密码、端口信息后，单击"连接"按钮，状态栏连续快速显示一系列信息，如"请求结束且数据已经接收到"，表明已经成功与 FTP 服务器建立了连接关系，如图 11-7 所示。

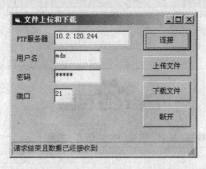

图 11-7 成功建立了连接

单击"上传文件"按钮后，上传本地文件"E：\ Readme. Dat"，在 FTP 服务器上可以看到"Readme. Dat"文件。

单击"下载文件"按钮后，从 FTP 服务器上下载文件"Readme. Dat"，保存在本地。

单击"断开"按钮，关闭与 FTP 服务器的连接。

提示：程序中所输入的 FTP 服务器 IP 地址、用户名和密码是笔者搭建的 FTP 服务器配置信息。

11.3.5 任务 21 小结

FTP 协议是用来传输文件的一种协议。Internet Transfer 控件实现了两种广泛使用的 Internet 协议：HTTP 和 FTP。利用 Internet Transfer 控件可以实现文件的上传和下载等操作。

练习

1. 用 Winsock 控件实现局域网聊天程序，要注意保证远程端口必须和对方的本地端口保持一致，而自己的本地端口必须和对方的远程端口一致才能保证正确连接。例如，在同一台计算机上测试时的程序界面如图 11-8 所示。

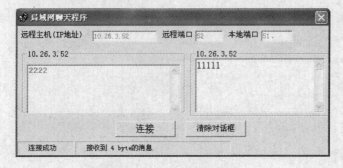

图 11-8 局域网聊天程序

2. 用 WebBrowser 控件设计 Web 浏览器，能够对页面完成"上一页"、"下一页"、"刷新"和"停止"等操作，还可以设置默认主页、脱机浏览等。程序执行界面如图 11 – 9 所示。

图 11 – 9　Web 页面浏览器

3. 解释 SMTP、FTP 和 HTTP 协议的不同。

第 12 章　API 函数和注册表

12.1　任务 22　椭圆窗体

12.1.1　学习目的

1. 掌握 API 函数的调用方法。
2. 掌握 CreateEllipticRgn 和 SetWindowRgn 函数的使用。

12.1.2　工作任务

利用 API 函数设计一个椭圆窗体程序。

12.1.3　背景知识

声明 API 函数时，可以在一行内输入整个函数的声明，也可以用换行符写为多行。如以下语句所示。

```
Declare Function SetWindowExtEx _
    Lib "gdi32" ( _
    ByVal hdc As Long,_
    ByVal nX As Long,_
    ByVal nY As Long,_
    lpSize As Size _
    ) As Long
```

VB 6.0 提供了"API 阅览器"工具，可以从"外接程序"菜单中打开，如果没有出现，可从"外接程序管理器"中加载它。在 API 阅览器的"文件"菜单中选择"加载文本文件"，通常选择加载"WIN32API. TXT"，打开后的"API 阅览器"如图 12 - 1 所示。

"API 阅览器"中可以声明的 API 类型有常数、声明和类型三种。用户输入 API 函数的开头几个字母，就可以方便查找到要使用的 API 函数，并显示在可用项列表框中。选中所用的 API 函数，函数的声明就会显示在下面的选定项列表框中。然后再使用复制命令插入到 VB 6.0 工程文件中。

向 API 函数传递参数时，一般使用 ByVal 和 ByRef 方式。ByVal 方式按值传递，ByRef 按地址传递，一定要正确使用这两种传递参数的方式，任何不正确的 ByVal 和 ByRef 传递方式都有可能造成系统崩溃。

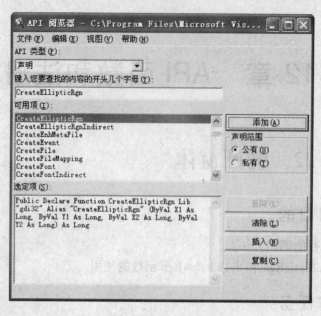

图 12 – 1   API 阅览器

12. 1. 4   实现步骤

VB 6.0 能够调用动态链接库（Dynamic Link Library，DLL）中的过程，包括 Windows 提供的应用程序接口（Application Program Interface，API）函数。使用 API 函数时，只需在源代码中声明它们，然后像调用 VB 6.0 的任何其他函数一样调用它们即可。

本任务使用的两个 API 函数分别是：CreateEllipticRgn 和 SetWindowRgn。其中 CreateEllipticRgn 函数的声明语法如下：

```
Declare Function CreateEllipticRgn Lib "gdi32" ( _
    ByVal X1 As Long, _
    ByVal Y1 As Long, _
    ByVal X2 As Long, _
    ByVal Y2 As Long _
    ) As Long
```

CreateEllipticRgn 函数创建一个椭圆，该椭圆与（X1，Y1）和（X2，Y2）坐标点确定的矩形内切。执行成功返回值则为区域句柄，失败则为零。其中 X1，Y1 分别为此内切矩形的左上角 X 轴，Y 轴坐标，X2，Y2 分别为此内切矩形的右下角 X 轴，Y 轴坐标。

SetWindowRgn 函数的声明语法如下：

```
Declare Function SetWindowRgn Lib "user32" ( _
    ByVal hWnd As Long, _
    ByVal hRgn As Long, _
    ByVal bRedraw As Long _
    ) As Long
```

SetWindowRgn 函数允许改变窗口的区域。通常所有窗口都是矩形的，窗口一旦存在就含有一个矩形区域。SetWindowRgn 函数允许放弃该区域，可以创建圆形的、星形的窗口，也可以将它分为两个或许多部分，实际上可以是任何形状。该函数执行成功返回值为非零值，执行失败返回值为零。其中各参数的含义如下。

hWnd：将设置区域的窗口。

hRgn：将设置的区域句柄，一旦设置了该区域，就不能使用或修改该区域句柄，也不能删除它。

bRedraw：若为 True，则表示需要立即重画窗口。

属性设置见表 12 – 1。

表 12 – 1　属性设置

对　象	名　称	属　性	设　置　值
窗体	Form1	BackColor	&H000000C0&（红色）
		BordreStyle	0-None
标签 1	Label1	Caption	双击退出
		BackStyle	9-Transparent（透明）

设计完成的程序界面如图 12 – 2 所示。

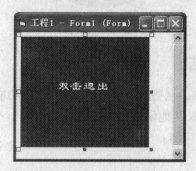

图 12 – 2　设计完成的窗体

完整的程序代码如下：

```
Option Explicit
'声明 API 函数
Private Declare Function CreateEllipticRgn Lib "gdi32" ( _
    ByVal X1 As Long,_
    ByVal Y1 As Long,_
    ByVal X2 As Long,_
    ByVal Y2 As Long _
    ) As Long
Private Declare Function SetWindowRgn Lib "user32" ( _
    ByVal hWnd As Long,_
    ByVal hRgn As Long,_
    ByVal bRedraw As Long _
    ) As Long
```

```
        Private Sub Form_Load( )
            Dim h,d As Long
            Dim scrw,scrh As Long
            scrw = Form1. Width / Screen. TwipsPerPixelX
            scrh = Form1. Height / Screen. TwipsPerPixelY
            h = CreateEllipticRgn(0,0,scrw,scrh)
            d = SetWindowRgn(Form1. hWnd,h,True)
        End Sub
        Private Sub Form_DblClick( )
            End                          '双击窗体,结束程序的执行
        End Sub
```

程序运行结果如图 12 - 3 所示。

图 12 - 3　椭圆窗体

12.1.5　任务22 小结

VB 6.0 能够调用 API 函数, 这些函数扩展了 VB 6.0 的功能。要使用 API 函数, 须在代码中声明它们, 然后像调用 VB 其他函数一样调用它们即可。VB 6.0 提供了 API 浏览器工具, 便于用户书写 API 类型的声明。

12.2　任务 23　在注册表中保存信息

12.2.1　学习目的

1. 理解注册表在 Windows 系统中的作用。
2. 掌握在 VB 6.0 应用程序中操作注册表。

12.2.2　工作任务

在注册表中保留窗体位置等信息, 当程序下一次执行时, 窗体同程序上一次执行结束时的窗体状态保持一致。

12.2.3　背景知识

1. 注册表

与注册表有关的术语如下。

HKEY（根键或主键）：它的图标与资源管理器中文件夹的图标类似。

Key（键）：它包含了附加的文件夹和一个或多个值。

Subkey（子键）：在某一个键（父键）下面出现的键（子键）。

value entry（值项）：带有一个名称和一个值的有序值。每个键都可包含任何数量的值项。每个值项均由三部分组成：名称、数据类型、数据。

字符串（REG_ SZ）：一串 ASCII 码字符。如"Hello World"，是一串文字或词组。在注册表中，字符串值一般用来表示文件的描述、硬件的标识等。通常它由字母和数字组成。注册表总是在引号内显示字符串。

二进制（REG_ BINARY）：如 F03D990000BC，是没有长度限制的二进制数值，在注册表编辑器中，二进制数据以十六进制的方式显示出来。

双字（REG_ DWORD）：双字节值。由 1～8 个十六进制数据组成，可用以十六进制或十进制的方式来编辑。如 D1234567。

数据：value entry（值项）的具体值。

Default（默认值）：每一个键至少包括一个值项，称为默认值（Default），它总是一个字串。

注册表有几大根键，这些根键都是大写的，并以"HKEY_"作为前缀，如图 12 - 4 所示。

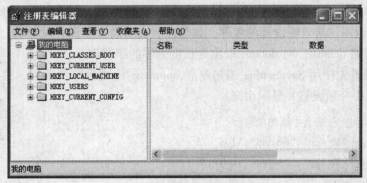

图 12 - 4　注册表的根键

其中，每一个文件夹就是一个 Key（键），文件夹下的子文件夹，是 Subkey（子键）。单击子键，在右边的列表区显示值项的名称、类型和数据，如图 12 - 5 所示。

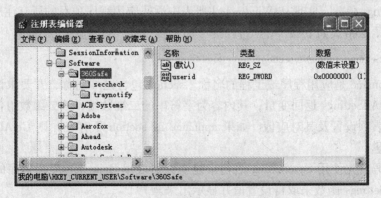

图 12 - 5　值项的名称、类型和数据

2. 操作注册表

在 VB 6.0 中提供了两个函数和两个语句用来读写注册表，它们是 SaveSetting 语句、GetSetting 函数、GetAllSettings 函数和 DeleteSettings 语句。下面分别介绍这些函数和语句。

（1）SaveSetting 语句

SaveSetting 语句，实现在 Windows 注册表中保存或建立应用程序项目。其语法格式如下：

```
SaveSetting appname, section, key, setting
```

其中，appname 是应用程序或工程的名称，section 包含区域名称，在该区域保存注册表项设置，key 包含将要保存的注册表项设置的名称，setting 包含 key 的设置值。例如下面的语句，使用 SaveSetting 语句来建立"MyApp"应用程序的项目。

```
SaveSetting "MyApp", "Startup", "Left", 50        '在注册区中添加一些设置值
```

（2）GetSetting 函数

GetSetting 函数，实现从 Windows 注册表中的应用程序项目返回注册表项设置值。其语法格式如下：

```
GetSetting appname, section, key[ , default]
```

其中，appname 包含应用程序或工程的名称，section 包含区域名称，要求该区域有注册表项设置。key 返回注册表项设置的名称。如果注册表项设置中设有设置值，则 default 返回默认值；如果省略 default，则 default 取值为长度为零的字符串。

下面的代码首先使用 SaveSetting 语句建立 appname 应用程序的项目，然后使用 GetSetting 函数得到其中一项设置并显示出来。

```
'以下两句在注册表中添加项目
SaveSetting "MyApp", "Startup", "Top", 75
SaveSetting "MyApp", "Startup", "Left", 50
'使用 GetSetting 函数得到其中 Left 项设置并显示
Debug. Print GetSetting( appname : = "MyApp", section : = "Startup", key : = "Left", default : = "25")
```

GetSetting 因传入参数 default 的值为 25，所以 GetSetting 函数一定会有返回值。

（3）GetAllSettings 函数

GetAllSettings 函数，实现从 Windows 注册表中返回应用程序项目的所有注册表项设置及其相应值。其语法格式如下：

```
GetAllSettings( appname, section)
```

其中，appname 是应用程序或工程的名称。section 包含区域名称，并要求该区域有注册表项设置。GetAllSettings 返回变量，其内容为字符串的二维数组，该二维数组包含指定区域中的所有注册表项设置及其对应值。如果 appname 或 section 不存在，则 GetAllSettings 返回未初始化的变量。

下面的代码首先使用 SaveSetting 语句来建立注册表里 appname 应用程序的项目，然后再使用 GetAllSettings 函数来取得设置值并显示出来。

```
'用来保存 GetAllSettings 函数所返回之二维数组数据的变量
```

```
Dim MySettings(10,10) As Variant
Dim intSettings As Integer                                    '整型数用来计数
'在注册区中添加设置值
SaveSetting appname : = "MyApp",section : = "Startup",key : = "Top",setting : = 75
SaveSetting "MyApp","Startup","Left",50                        '取得输入项的设置值
MySettings = GetAllSettings(appname : = "MyApp",section : = "Startup")
For intSettings = LBound(MySettings,1) To UBound(MySettings,1)
Debug. Print MySettings(intSettings,0),MySettings(intSettings,1)
Next intSettings
```

（4）DeleteSettings 语句

DeleteSetting 语句，实现从应用程序项目里删除区域或注册表项设置。其语法格式如下：

```
DeleteSetting appname,section[ ,key]
```

其中，appname 是应用程序或工程的名称。section 包含要删除注册表项设置的区域名称。key 包含要删除的注册表项设置。

如只有 appname 和 section，则将指定的区域连同所有有关的注册表项设置都删除。如提供了所有参数，则删除指定的注册表项设置。如果试图使用不存在的区域或注册表项设置上的 DeleteSetting 语句，则发生一个运行时错误。

下面的代码先使用 SaveSetting 语句，Windows 注册区里 appname 应用程序的项目，然后使用 DeleteSetting 语句将之删除。因为没有指定 key 参数，整个区段都会被删除掉，包括区段名称及其所有的 Subkey（key）。

```
'在注册区中添加一些设置值
SaveSetting appname : = "MyApp",section : = "Startup",key : = "Top",setting : = 75
SaveSetting "MyApp","Startup","Left",50
'删除区段及所有的设置值
DeleteSetting "MyApp","Startup"
```

3. 操作注册表的 API 函数

除了上面的函数和语句来操作注册表以外，如果还想更深入操作注册表，可以使用 Win32 API 函数。操作注册表的 API 函数有 30 多个，其中常用的 API 函数见表 12 - 2。

表 12 - 2 常用的操作注册表 API 函数

API 函数	说　明
RegOpenKeyEx	打个注册表中指定路径的键并返回其他注册表 API 函数可以调用的句柄
RegCreateKeyEx	生成一个新的副键并打开它，如果这一键已经存在，则只打开它，返回其他注册表 API 函数可以调用的句柄
RegCloseKey	关闭一个键
RegQueryValueEx	获取已打开键中名称值的数据，并得到数据的大小和类型
RegSetValueEx	保存数据到打开键中的值
RegDeleteKey	删除指定键及键中所有的值

提示： 在操作注册表之前，最好对注册表先备份，以免操作注册表发生错误，从而造成系统崩溃。

12.2.4　实现步骤

注册表（Registry）是控制硬件、软件、用户环境和 Windows 界面的数据文件，它是一个庞大的树状分层的数据库，记录了用户安装在机器上的软件和每个程序的相互关联关系，包含了计算机的硬件配置，包括自动配置的即插即用设备和已有的各种设备说明、状态属性及各种状态信息和数据等。

在"运行"对话框中执行 RegEdit 命令，可以打开注册表编辑器。

新建一个工程文件，在窗体上添加两个命令按钮 Command1 和 Command2，保存工程文件为"测试注册表 . vbp"，窗体文件为"form1. frm"。

属性设置见表 12 - 3。

表 12 - 3　属性设置

对　象	名　称	属　性	设　置　值
窗体	Form1	标题	测试注册表
命令按钮 1	Command1	Caption	删除注册表信息
命令按钮 2	Command2	Caption	改变背景色

设计完成的程序界面如图 12 - 6 所示。

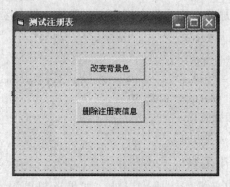

图 12 - 6　测试注册表

在程序结束执行时，调用 SaveSetting 语句，将窗体的信息保存在注册表中。如以下代码所示。

```
Private Sub Form_Unload( Cancel As Integer)
    SaveSetting "测试注册表" , "main" , "Top" , Form1. Top
    SaveSetting "测试注册表" , "main" , "Left" , Form1. Left
    SaveSetting "测试注册表" , "main" , "Height" , Form1. Height
    SaveSetting "测试注册表" , "main" , "Width" , Form1. Width
    SaveSetting "测试注册表" , "main" , "BackColor" , Form1. BackColor
End Sub
```

在程序开始执行时，调用 GetSetting 函数，从注册表中读取应用程序窗体的信息。代码如下：

```
Private Sub Form_Load( )
    Form1. Top = Val( GetSetting( "测试注册表" ,"main" ,"Top" ) )
    Form1. Left = Val( GetSetting( "测试注册表" ,"main" ,"Left" ) )
    Form1. Height = Val( GetSetting( "测试注册表" ,"main" ,"Height" ) )
    Form1. Width = Val( GetSetting( "测试注册表" ,"main" ,"Width" ) )
    Form1. BackColor = Val( GetSetting( "测试注册表" ,"main" ,"BackColor" ) )
End Sub
```

接着，在"运行"中输入 regedit 命令，打开注册表，按照下面的路径 HKEY_ CUR-RENT_ USER \ Software \ VB And VBA Program Settings，可以查看"测试注册表"应用程序的注册项，如图 12 – 7 所示。

图 12 – 7　保存在注册表中的信息

单击窗体上的按钮 Command2，可以改变窗体的背景色，这样，当下次打开应用程序时，窗体仍会保留设置好的背景色。代码如下：

```
Private Sub Command2_Click( )
    Form1. BackColor = RGB( Rnd * 255 ,Rnd * 255 ,Rnd * 255 )        '设置背景色
End Sub
```

当应用程序最终被卸载时，可以调用函数 DeleteSetting，将保存在注册表中的信息删掉。代码如下：

```
Private Sub Command1_Click( )
    DeleteSetting "测试注册表"
    Command1. Enabled = False                            '删除后使按钮无效
End Sub
```

12. 2. 5　任务 23 小结

注册表记录用户安装在机器上的软件和每个程序的相关信息，是一个树状分层的数据库。VB 6.0 中提供两个函数和两个语句用来读写注册表，它们是 SaveSetting 语句、GetSetting 函数、GetAllSettings 函数和 DeleteSettings 语句。操作注册表还可以使用 API 函数，常用的操作注册表的 API 函数有 6 个，RegOpenKeyEx，RegCreateKeyEx，RegCloseKey，RegQueryValueEx，Reg-

SetValueEx 和 RegDeleteKey。

练习

1. 使用 API 函数设计圆形窗体程序，如图 12 – 8 所示。
2. 使用 API 函数设计一个透明窗体程序，当在桌面上显示时如图 12 – 9 所示。

图 12 – 8　圆形窗体　　　　　　　　　　图 12 – 9　透明窗体

3. 设计一个登录界面程序，首先在注册表中添加"值项"，包括字符串类型的用户名和密码。当程序执行时，从注册表中读取用户名和密码进行比较，如果相同，继续执行下去；如不相同，则中止程序的执行，如图 12 – 10 所示。

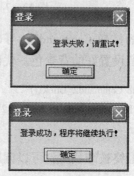

图 12 – 10　从注册表读取登录信息

第 13 章　安装程序的制作

13.1　任务 24　打包邮件发送器程序

13.1.1　学习目的

1. 理解 VB 6.0 应用程序发布的基本步骤。
2. 掌握用"打包和展开向导"发布 VB 6.0 应用程序。

13.1.2　工作任务

利用 VB 6.0 自带的打包和展开向导工具，将第 11 章的邮件发送程序打包发布，方便在其他电脑上安装使用。

13.1.3　背景知识

1. 打包和部署

常见的打开"打包和展开向导"有两种方法。

打开"开始"菜单，在程序组"Microsoft Visual Basic 6.0 中文版"中的"Microsoft Visual Basic 6.0 中文版工具"下打开"Package & Deployment 向导"。

执行 Visual Basic 应用程序，在"外接程序"菜单下查看是否有"打包和展开向导"，如有，直接打开即可；如没有，则打开"外接程序管理器"。在"外接程序管理器"中选择"打包和展开向导"，并选中"加载/卸载"复选框，单击"确定"按钮即可，此时再打开"外接程序"菜单就可以看到"打包和展开向导"。

打包应用程序大致分为以下几个步骤：

在 VB 6.0 开发环境中，打开要打包的工程文件，生成可执行的 EXE 文件；

打开"打开和展开向导"，单击"打包"按钮，默认打包脚本"标准安装软件包 1"；

选择包类型为"标准安装包"，用于创建由 setup. exe 程序安装的包；

选择打包文件夹，用于保存安装文件；

选择包含在包里的附件文件；

选择压缩文件选项，可选单个压缩文件，或多个压缩文件；

设置安装程序标题；

确定安装进程要创建的启动菜单群组及项目；

设置安装文件的安装位置；

保存脚本名称，以备以后修改使用；

完成打包过程。

2. 展开应用程序包

将应用程序打包后，还应将打包的应用程序放置到适当的位置，比如说磁盘、光盘、网络等，以便用户来安装它。单击"展开"按钮，选择脚本"邮件发送器"，如图13 - 1所示。

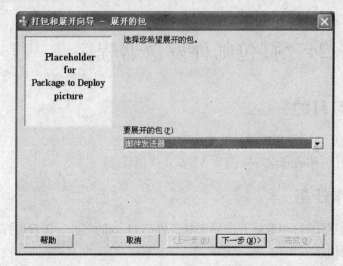

图 13 - 1　选择要展开的包

单击"下一步"按钮，出现"展开方法"对话框，提供了"文件夹"和"Web 公布"两种展开方法，如图 13 - 2 所示。

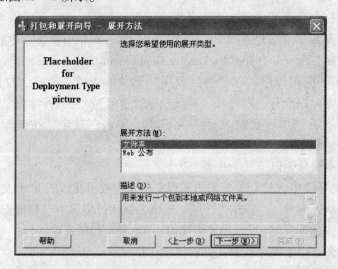

图 13 - 2　展开方法

选中"文件夹"后，单击"下一步"按钮，接着出现选择文件夹对话框，选择将要发布的本地或网络驱动器上的文件夹。只有在"展开方法"屏幕上选定了"文件夹"作为部署方法时才能使用这个屏幕，如图 13 - 3 所示。

与打包应用程序时类似，单击"下一步"按钮后，此时出现的"已完成"对话框。如图 13 - 4 所示。在"脚本名称"文本框中填入一个脚本名称，将来就可以让其他用户来使用应用程序了。同样向导提供了一个报告文件。

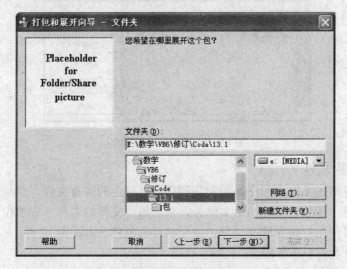

图 13 – 3　发布的文件夹

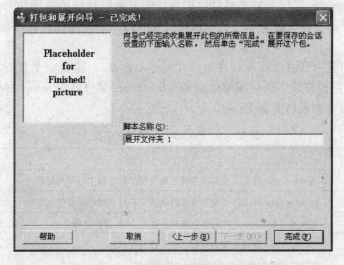

图 13 – 4　展开"已完成"对话框

3. 管理脚本

使用打包和展开向导，可以创建并存储脚本。所谓脚本是指在打包或展开过程中所做选择的记录。创建一个脚本就可以将这些选择保存起来，以便在以后的过程中为同一个工程使用。使用脚本可以显著地节省打包和部署时间。此外，可以使用脚本以静态模式打包和部署应用程序。

每次打包或部署工程时，Visual Basic 都会将有关过程的信息保存为一个脚本。工程的所有脚本都存储在应用程序工程目录的一个特别文件中。可以使用"打包和展开向导"的"管理脚本"选项来查看当前工程所有脚本的列表，如图 13 – 5 所示。

在这个对话框中，可以查看所有打包或部署脚本的列表、重命名脚本、创建新的脚本或删除脚本。

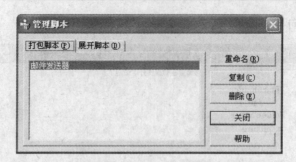

图 13 – 5　管理脚本对话框

4.　Setup. lst 文件

Setup. lst 文件描述了应用程序必须安装到用户机器上的所有文件, 此外还包含了有关安装过程的关键信息。例如, Setup. lst 文件告诉系统每个文件的名称、安装位置、以及应如何进行注册等。如果使用打包和展开向导, 向导将自动创建 Setup. lst 文件。

Setup. lst 文件共有以下 5 段:

(1) BootStrap 段

该段包含 setup. exe 文件安装和启动应用程序的主安装程序所需的所有信息。例如应用程序的主安装程序的名称、在安装过程中使用的临时目录、以及在安装过程的起始窗口出现的文字。

在安装过程中要用到两个安装程序: 一个是 setup. exe, 这是一个预安装程序; 另一个是 setup1. exe, 这是由安装工具包编译生成的。BootStrap 部分将为 setup. exe 文件提供指示。

BootStrap 段包含的成员见表 13 – 1。

表 13 – 1　BootStrap 段包含成员

成　　员	描　　述
SetupTitle	当 setup. exe 将文件复制到系统时所出现的对话框中显示的标题
SetupText	当 setup. exe 将文件复制到系统时所出现的对话框中显示的文字
CabFile	应用程序的 . cab 文件名称, 如果有多个 . cab 文件, 则是第一个 . cab 文件的名称
Spawn	当 setup. exe 完成处理后要启动的应用程序名称
TmpDir	存放在安装过程中产生的临时文件的位置
Uninstall	用作卸载程序的应用程序名称

(2) BootStrap Files 段

该段列出了主安装文件所需的所有文件。通常这部分只包括 Visual Basic 运行时文件。下面的语句显示了 "邮件发送器" 的 Setup. lst 文件中的 BootStrap Files 段中的部分条目。

```
[Bootstrap Files]
File1 = @ VB6STKIT. DLL, $ (WinSysPathSysFile),,,7/6/9812:00:00AM,101888,6. 0. 84. 50
……
File8 = @ msvbvm60. dll, $ (WinSysPathSysFile), $ (DLLSelfRegister),,2/23/04 8:42:40 PM,
1386496,6. 0. 97. 82
```

上面每个文件都用一行单独列出, 且必须使用下述格式:

Filex = file,install,path,register,shared,date,size[,version]

例如上面的代码最后一行的意思是：File8 表示第 8 个安装文件，@ msvbvm60. dll 表示安装文件名称，$(WinSysPathSysFile) 表示安装目录，$(DLLSelfRegister) 表示该文件是一个自注册的 . Dll 或 . ocx，或其他具有自注册信息的 . dll 文件，8/21/00 12：00：00 AM 表示文件最后一个被修改的日期，1388544 表示文件大小，单位是字节。6. 0. 89. 64 表示内部版本号码。

（3）Setup1 Files 段

该段列出应用程序所需的所有其他文件，例如 . exe 文件、数据及文本。以下是"邮件发送器"的 SETUP. LST 文件中的 Setup1 Files 段的部分条目。

[Setup1 Files]
File1 = @ MSCMCCHS. DLL, $(WinSysPath),, $(Shared),7/7/9812:00:00AM,124416,6. 0. 81. 63
……
File5 = @ PrjEmail. exe, $(AppPath),,,2/16/09 1:33:34 PM,32768,1. 0. 0. 0

（4）Setup 段

该段包含应用程序中的其他文件需要的信息。常用的成员见表 13 - 2。

表 13 - 2　Setup 段中的常用成员

成　　员	描　　述
Title	将出现在安装期间的快速显示屏幕、"启动"菜单的程序组，以及应用程序名称
DefaultDir	默认的安装目录。用户可以在安装过程中指定一个不同的目录
ForceUseDefDir	如果为空，则会提示用户输入一个安装目录；如果设为 1，则应用程序将自动安装到 Setup. lst 的 "DefaultDir" 所指定的目录中
AppToUninstall	应用程序在 "控制面板" 中的 "添加/删除程序" 实用程序中出现的名称
AppExe	应用程序的可执行文件的名称

例如"邮件发送器"的 Setup. lst 文件中的 Setup 段的条目如下。

[Setup]
Title = 邮件发送器
DefaultDir = $(ProgramFiles)\工程 1
AppExe = PrjEmail. exe
AppToUninstall = PrjEmail. exe

（5）Icon Groups 段

该段包含了关于安装过程所创建的"启动"菜单的程序组的信息。每个要创建的程序组首先在 IconGroups 部分列出，然后指定一个单独部分（Group0，Group1，Group2 等），在此部分中包含关于这个程序组的图标和标题的信息。程序组从 0 开始顺序编号。例如，"邮件发送器"的 Setup. lst 文件中的 Icon Groups 段的条目如下：

[IconGroups]
Group0 = 邮件发送器
PrivateGroup0 = - 1

Parent0 = $ (Programs)

［邮件发送器］
Icon1 = "PrjEmail. exe"
Title1 = 邮件发送器
StartIn1 = $ (AppPath)

13.1.4　实现步骤

1. 打包应用程序

一般说来，发布应用程序要包含两个步骤：打包和部署。打包即将应用程序文件打包为
1 个或多个 cab 文件，cab 文件是一种压缩格式的文件，可以通过 Winzip 释放它。部署即将
打包的应用程序放置到适当的位置，以便用户来安装它。

"打包和展开向导"以向导的形式提供了如何配置 cab 文件的选项，非常容易掌握，是
一般用户经常采用的方法。

启动"打包和展开向导"后，"打包和展开向导"提供了以下三个选项。

（1）"打包"选项

选择该项可将一个工程的文件打包为一个可以部署的 cab 文件，对于某些类型的软件
包，还要为其创建安装程序。

（2）"展开"选项

选择该项可将打包好的应用程序传送到适当的发布媒体上，如软盘、网络或 Web 站点，
是部署包装的第一步。

（3）"管理脚本"选项

在这里可以重命名、复制或删除包装和部署脚本。

单击"浏览"按钮，选择邮件发送程序的工程文件 PrjEmail. vbp，如图 13 - 6 所示。

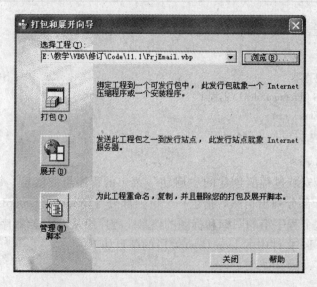

图 13 - 6　打包和展开向导

单击"打包"按钮后,"打包和展开向导"显示选择包类型的对话框,如图 13-7 所示。

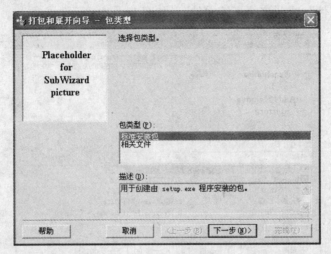

图 13-7 选择包类型

其中的"标准安装包"用于创建由 Setup. exe 程序安装的软件包,"相关文件"用来创建应用程序运行时要求的部件文件列表信息,它包含了有关应用程序或部件在运行时所需要的信息。选择"标准安装包"后,然后单击"下一步"按钮继续。

此时"打包和展开向导"提示选择存放软件包的位置,如图 13-8 所示。

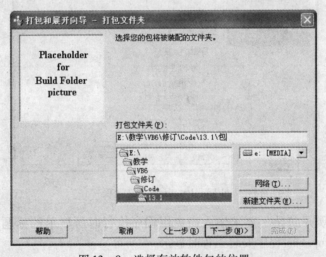

图 13-8 选择存放软件包的位置

可以选择一个现有的文件夹,也可以新建一个文件夹或存放在网络文件夹上。这里在现有文件夹下新建了"包"文件夹用来存放,然后单击"下一步"按钮继续。此时显示将要包含在软件包中的文件列表,并且允许向包装中添加附加文件或删除不需要的文件,如图 13-9 所示。

VB 6.0 应用程序不仅由可执行文件组成,还包含其他附属文件,如图标文件、帮助文件、数据库文件,等等。可以通过单击"添加"按钮把它们添加进来,如没有其他文件,单击"下一步"按钮继续。

"打包和展开向导"此时要求选择压缩文件选项,允许选择向导是为包装创建一个大的. cab 文件,还是将包装拆分为一系列可管理的单元而创建一系列小的. cab 文件。如果计划使用软盘来部署，那么必须选择"多个压缩文件"选项。如果计划使用其他方法部署，可以选择"单个的压缩文件"或"多个压缩文件"，如图 13 - 10 所示。

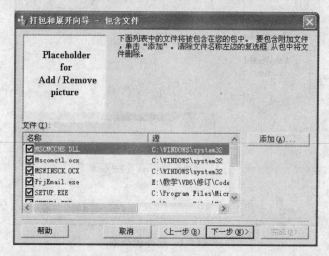

图 13 - 9　添加包含文件

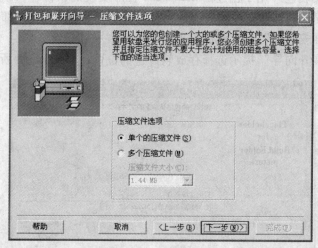

图 13 - 10　压缩文件选项

此时"打包和展开向导"要求输入当应用程序执行时所显示的标题，如图 13 - 11 所示。在用户运行 setup. exe 程序安装工程时显示。

单击"下一步"控钮后，对话框显示要求确定安装进程要创建的启动菜单群组及项目，可以在下面两个位置之一为应用程序创建组和项：在"启动"菜单的主层次，或者在"启动"菜单的"程序"子目录。

除了创建新的"启动"菜单组和菜单项之外，还可以编辑已有菜单项的属性，或者可以删除菜单组和菜单项，如图 13 - 12 所示。

接着"打包和展开向导"要求确定非系统文件的安装位置，所有的系统文件都自动安装在 Windows 的 System 目录下，其他的文件可以从一系列在用户机器上指定安装位置的宏中选择，或者添加子文件夹在宏的尾部，如 $(ProgramFiles) \MyProgram。如图 13 - 13 所示。

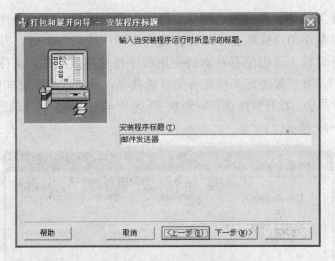

图 13 – 11 输入安装程序标题

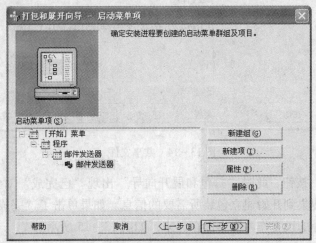

图 13 – 12 启动菜单项

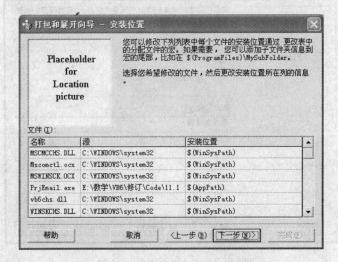

图 13 – 13 确定安装位置

单击"下一步"按钮，将出现"共享文件"对话框，决定哪些文件是作为共享方式安装的。共享文件是在用户机器上可以被其他应用程序使用的文件。当最终用户卸载应用程序时，如果计算机上还仍然存在别的应用程序在使用该文件，文件不会被删除。系统通过查看指定的安装位置决定文件是否能够被共享。除了作为系统文件安装的文件外，任何文件都可以被共享。没有被标志安装到 \$(WinSysPathSysFile) 目录的所有文件都有可能被共享，如图 13 – 14 所示。

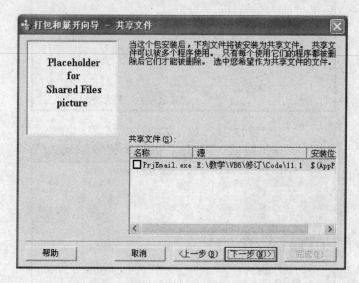

图 13 – 14　共享文件

单击"下一步"按钮，此时"打包和展开向导"出现"已完成"对话框，表明"打包和展开向导"已经搜集到开始建立包装所需要的信息。如果单击了"完成"按钮，"打包和展开向导"将把选择的设置作为脚本保存起来，如图 13 – 15 所示。

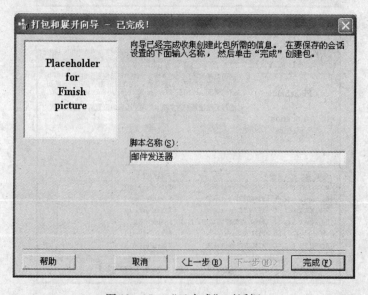

图 13 – 15　"已完成"对话框

单击"完成"按钮,会产生一个打包报告,可以把这个报告保存在一个文件中,如图 13 – 16 所示。

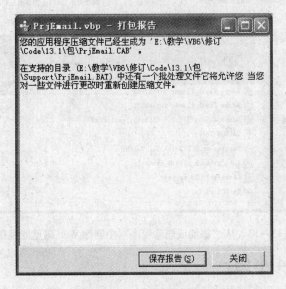

图 13 – 16　打包报告

至此,完成整个应用程序的打包过程。此时,可以在"E:\教学\VB6\修订\Code\13.1 \包"下面,找到一个 Support 目录和三个文件:PrjEmail. CAB,setup. exe,SETUP. LST。

2. 测试应用程序的安装包

下面测试应用程序的安装过程。单击 setup. exe 文件,出现安装程序的界面,如图 13 – 17 所示。

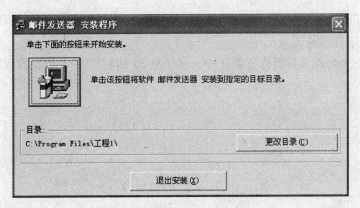

图 13 – 17　安装程序的界面

程序安装后,在"开始"菜单中就会看到"邮件发送器"程序组。然后,就可以从"开始"菜单中打开"邮件发送器"程序。

如果想删除安装后的"邮件发送器"程序,选择"控制面板"中的"添加与删除程序",就会在注册应用程序列表中看到所要安装的程序,选中列表中的应用程序名,然后单击"添加/删除"按钮,就可以将所安装的应用程序从系统中删除,如图 13 – 18 所示。

图 13 - 18   从"添加或删除程序"中删除 Web 浏览器程序

13.1.5   任务 24 小结

发布应用程序包含两个步骤：打包和部署。"打包和展开向导"以向导的形式向用户提供发布应用程序的常用工具，是一般用户经常采用的方法。如果使用打包和展开向导，向导将自动创建 Setup. lst 文件。Setup. lst 文件有五段组成：BootStrap 段、BootStrap Files 段、Setup1 Files 段、Setup 段、Icon Groups 段。

练习

1. 利用"打包和展开向导"工具将第 11 章任务 20 的制作 Web 浏览器程序打包，并在计算机上安装程序进行测试。

2. 利用 Wise Install 工具制作安装程序，将任务 20 的制作 Web 浏览器程序打包发布。

第 14 章 综 合 实 例

14.1 任务 25 图书管理系统

14.1.1 学习目的

1. 掌握开发数据库应用程序的一般过程。
2. 掌握数据环境和数据报表的使用方法。
3. 掌握模块化程序设计的方法。

14.1.2 系统设计

1. 系统功能分析

图书管理系统是对图书、读者和借阅信息的管理。设计图书管理系统的目的是提高图书管理工作的效率，减少相关人员的工作量，使图书管理工作真正做到科学、合理的规划，系统、高效的实施。

图书管理人员可以添加和管理读者信息、添加和管理图书类型，添加图书信息以及图书借出和归还等；还可以查询读者、图书和借阅等信息，打印读者、图书和借阅信息，全面掌握图书管理的各个环节。本章设计图书管理系统的主要功能如下：

① 添加、修改、删除和查询图书信息；
② 添加、修改和删除图书类别；
③ 添加、修改、删除和查询读者信息；
④ 添加、修改和删除读者类别；
⑤ 添加和查询图书借阅信息；
⑥ 归还图书的操作；
⑦ 打印图书信息报表；
⑧ 打印读者信息报表。

2. 系统功能模块设计

根据系统所要实现的功能，按照结构化程序设计的原则，将系统划分为如图 14-1 所示的系统功能模块图。

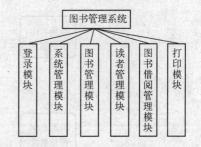

图 14-1 系统功能模块图

14.1.3 数据库设计

数据库设计一般包括如下几个步骤：
① 需求分析；

② 概念结构设计；

③ 逻辑结构设计；

④ 物理结构设计。

1. 需求分析

设计数据库之前要先进行需求分析。需求分析的主要目的如下。

① 理解客户需求，询问用户如何看待未来需求变化。让客户解释其需求，而且随着开发的继续，还要经常询问客户保证其需求仍然在开发的目的之中。

② 了解企业业务可以在以后的开发阶段节约大量的时间。

需求分析的过程是对收集的数据进行抽象的过程。抽象是对各种概念进行精确描述，组成数据模型。

在对图书管理系统操作流程分析的基础上，下面列出图书管理系统的数据项和数据结构。

① 图书信息：书籍编号、书名、类别、作者、出版社、出版日期、登记日期、是否被借出、入库数目、现存数目、价格和操作员。

② 图书类型信息：类别名称、类别编号。

③ 读者信息：读者编号、读者姓名、性别、种类名称、工作单位、家庭地址、电话号码、登记日期、已借书数量、借书证号、身份证号、电子邮件、QQ、限借数量、操作员和借书期限。

④ 读者类型信息：种类名称、限借数量、借书期限和有效期限。

⑤ 图书借阅信息：借阅编号、读者编号、读者姓名、书籍编号、书籍名称、借出日期、还书日期、借书证号、是否归还。

⑥ 系统用户信息：用户名、密码。

2. 数据库概念结构设计

设计图书管理系统的 E-R 图，如图 14 – 2 所示。

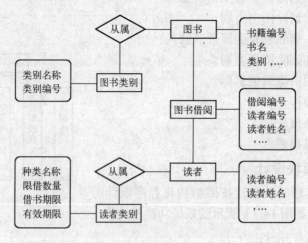

图 14 – 2　图书管理系统的 E-R 图

3. 数据库逻辑结构设计

由 E-R 图表示的概念模型，可以表示为任何一种数据库管理系统（DBMS）所支持的数据模型，并进行规范化，减少冗余信息。

　　根据设计的图书管理系统的 E-R 图，设计的关系模式在 Access 2003 中实现，新建数据库命名为 Book. mdb。各关系模式（表）如表 14 - 1 至表 14 - 6 所示。

表 14 - 1　读者类别表

字 段 名 称	数 据 类 型	必 填 字 段	说　明
种类名称	文本（20）	否	主键
限借数量	数字	是	
借书期限	数字	是	
有效期限	数字	是	

表 14 - 2　读者信息表

字 段 名 称	数 据 类 型	必 填 字 段	说　明
读者编号	文本（5）	否	主键
读者姓名	文本（20）	否	
性别	文本（2）	是	
种类名称	文本（20）	是	
工作单位	文本（50）	是	
家庭地址	文本（50）	是	
电话号码	文本（20）	是	
登记日期	日期/时间	是	
已借书数量	数字	是	
借书证号	文本（12）	是	
身份证号	文本（18）	是	
电子邮件	文本（20）	是	
QQ	文本（20）	是	
限借数量	数字	是	
操作员	文本（8）	是	
借书期限	数字	是	

表 14 - 3　图书类别表

字 段 名 称	数 据 类 型	必 填 字 段	说　明
类别名称	文本（15）	否	主键
类别编号	文本（2）	否	

表 14 - 4　书籍信息表

字 段 名 称	数 据 类 型	必 填 字 段	说　明
书籍编号	文本（15）	否	主键
书名	文本（50）	否	
类别	文本（20）	是	
作者	文本（30）	是	
出版社	文本（30）	是	

续表

字 段 名 称	数 据 类 型	必 填 字 段	说 明
出版日期	日期/时间	是	
登记日期	日期/时间	是	
是否被借出	文本（10）	是	
入库数目	数字	是	
现存数目	数字	是	
价格	货币	是	
操作员	文本（8）	是	

表 14 -5 借阅信息表

字 段 名 称	数 据 类 型	必 填 字 段	说 明
借阅编号	自动编号	否	主键
读者编号	文本（5）	否	
读者姓名	文本（5）	否	
书籍编号	文本（5）	否	
借出日期	日期/时间	否	
还书日期	日期/时间	否	
借书证号	文本（5）	否	
是否归还	是/否	否	

表 14 -6 系统用户表

字 段 名 称	数 据 类 型	必 填 字 段	说 明
用户名	文本（20）	否	主键
密码	文本（20）	否	

为了测试程序的方便，在 Book. mdb 数据库中新增一些记录，在程序开发完成后交付客户使用之前，可以将这些测试数据清除。

在系统功能和数据库设计完成后，就可以设计程序界面和编写代码。

为了让读者对整个系统有个大致了解，下面列举了本程序包含的所有窗体、模块等，如表 14 -7 所示。

表 14 -7 系统包含窗体和模块

名 称	类 型	说 明
frmAbout	窗体	关于
frmAddBook	窗体	添加图书信息
frmAddBookType	窗体	添加图书类别
frmAddReader	窗体	添加读者信息
frmAddReaderType	窗体	添加读者类别
frmAddUser	窗体	添加用户
frmBackBook	窗体	还书

名　　称	类　型	说　　明
frmBorrowBook	窗体	借书
frmChangePwd	窗体	修改密码
frmFindBook	窗体	查询图书
frmFindBorrow	窗体	查询借书信息
frmFindReader	窗体	查询读者信息
frmLogin	窗体	登录窗体
frmMain	窗体	主窗体
frmModifyBook	窗体	图书信息管理，包括修改、删除
frmModifyBookType	窗体	图书类别管理，包括修改、删除
frmModifyReaderType	窗体	读者类别管理，包括修改、删除
frmReader	窗体	读者信息管理，包括修改、删除
Module1	模块	定义公共变量和函数等
DEBook	数据环境	定义数据库连接和命令对象
DRBook	数据报表	设计图书信息报表
DRreader	数据报表	设计读者信息报表

下面介绍程序各个主要功能模块的实现。

14.1.4　登录窗体实现

图书管理系统程序启动时首先显示的就是登录窗体，只有当用户输入了合法的用户名和密码，才能够进入系统。

首先，在 VB 6.0 中新建一个工程文件，命名为 Book. vbp。添加一个新窗体文件，其 Name 属性设置为 frmLogin，Caption 属性设置为"系统登录"，BorderStyle 属性设置为"1-Fixed Single"，StartUpPosition 属性设置为"2-屏幕中心"。

接着在窗体添加 2 个 Label、1 个 Combobox、1 个 Text、2 个 Command。设计完成的程序界面如图 14 – 3 所示。

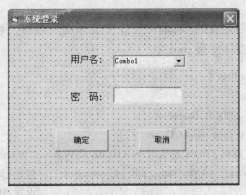

图 14 – 3　登录界面

下面介绍登录窗体的实现代码。

首先在模块文件（Module1）中声明以下全局变量：

```
Option Explicit
Public conn As New ADODB. Connection          '连接对象
Public userID As String                       '当前用户 ID,在主窗体中显示
Public book_num As String                     '要借书的编号
Public rsReader As New ADODB. Recordset       '记录集
```

在登录窗体的代码窗口顶部，声明以下窗体级变量：

```
Option Explicit
Dim cnt As Integer                            '登录次数
Dim pwd As String                             '保存从数据库中取得的密码
Dim rsUser As ADODB. Recordset                '声明记录集
```

在登录窗体载入时，系统连接到数据库中的"系统用户"表，读取所有的用户名列表，添加到 Combobox 控件的列表中。

```
Private Sub Form_Load( )
    Dim cnnstr As String
    Dim sql As String
    Set rsUser = New ADODB. Recordset
    cnnstr = "provider = Microsoft. Jet. oledb. 4. 0;" & "data source = book. mdb"
    conn. Open cnnstr

    SQL = "SELECT 用户名 FROM 系统用户"
    rsUser. Open sql, conn, adOpenStatic, adLockPessimistic
    Combo1. Clear
    Do Until rsUser. EOF
        Combo1. AddItem rsUser. Fields("用户名")
        rsUser. MoveNext
    Loop
    cnt = 0                                   '初始化登录次数为0
End Sub
```

当用户从保存有用户名列表的 Combo1 控件中选择用户名后，系统从数据库中查询选中用户名的密码，并保存在窗体变量 pwd 中。

```
Private Sub Combo1_Click( )
    Dim sql As String
    Set rsUser = New ADODB. Recordset
    If rsUser. State = 1 Then rsUser. Close
    SQL = "SELECT 密码 FROM 系统用户 WHERE 用户名 ='" & Combo1. Text & "'"
    rsUser. Open sql, conn, adOpenStatic, adLockPessimistic   '打开记录集,获取该用户密码
    txtpwd. SetFocus                          '设置密码框焦点
    pwd = Trim(rsUser. Fields("密码"))
End Sub
```

当用户单击"确定"按钮对输入的密码进行合法性验证时，首先要判断用户是否已经

选择了用户名，并且密码输入文本框不能为空。如果验证通过，打开程序主窗体界面，并将当前登录用户名保存到模块级变量 userID 中；如果验证失败，最多允许重复输入 3 次，如果登录 3 次还不成功，退出系统。代码如下：

```
Private Sub Command1_Click( )
    If Combo1. Text = "" Then
        MsgBox "请选择用户名!" , , "登录"
        Combo1. SetFocus
        Exit Sub
    End If
    If txtpwd. Text = "" Then
        MsgBox "请输入密码!" , , "登录"
        txtpwd. SetFocus
        Exit Sub
    End If
    If txtpwd. Text = pwd Then
        userID = Combo1. Text
        Me. Hide
        frmmain. Show
    Else
        MsgBox "密码无效,请重试!" , , "登录"
        txtpwd. SetFocus
        cnt = cnt + 1
        If cnt = 3 Then        '登录 3 次不成功,退出系统
            Unload Me
        End If
    End If
End Sub
```

14.1.5　系统主窗体实现

在工程中添加一个新窗体，将该窗体的 Name 属性命名为 frmMain，WindowState 属性设置为 "2-Maximized"，Caption 属性设置为 "图书管理系统"，Icon 属性设置为一个图标文件。

在主窗体上添加菜单，通过 "菜单编辑器" 来实现。设计好的菜单项设置见表 14 - 8。

表 14 - 8　菜单项设置

菜 单 标 题	菜 单 名 称	快　捷　键	内 缩 符 号
系统管理（&S）	mnuSys		无
增加用户（&N）	mnuAddUser		……
修改密码（&P）	mnuChangepwd		……
退出系统（&Q）	mnuExit		……
图书管理（&E）	mnuBook		无
图书类别管理	mnuBookType		……

菜单标题	菜单名称	快捷键	内缩符号
添加图书类别	mnuAddBookType	Ctrl + N	……
修改图书类别	mnumodifyBookType	Ctrl + M	……
删除图书类别	mnuDelBookType	Ctrl + D	……
图书信息管理	mnuBookInfo		……
添加图书信息	mnuAddBook	Ctrl + B	……
修改图书信息	mnuModifyBook	Ctrl + C	……
删除图书信息	mnuDelbook	Ctrl + E	……
查询图书信息	mnuFindbook	Ctrl + F	……
读者管理（&R）	mnuReader		无
读者类别管理	mnuReadertype		……
添加读者类别	mnuAddReadertype	Ctrl + G	……
修改读者类别	mnuModifyReadertype	Ctrl + H	……
删除读者类别	mnuDelReadertype	Ctrl + I	……
读者信息管理	mnuReaderInfo		……
添加读者信息	amnuAddReader	Ctrl + J	……
修改读者信息	mnuModifyReader	Ctrl + K	……
删除读者信息	mnuDelReader	Ctrl + L	……
查询读者信息	mnuFindReader	Ctrl + R	……
图书借阅管理（&B）	mnuLend		无
借书	mnuLendBook		
添加借书信息	mnuAddLendBook	Ctrl + S	……
查询借书信息	mnuFindLendBook	Ctrl + T	……
还书	mnuBackBook		
打印（&P）	mnuPrint		无
打印图书报表	mnuPrnBook	Ctrl + P	……
打印读者报表	mnuPrnReader	Ctrl + Q	……
关于（&A）	mnuAbout		无

　　接下来，在窗体上添加 1 个 ToolBar 控件、1 个 ImageList 控件和 1 个 StatusBar 控件。这几个控件都属于 ActiveX 控件，使用之前需先将其添加到工具箱中。

　　在 ImageList 控件中添加 5 个图像文件。在 Toolbar 控件的属性设置对话框中，将图像列表设置为 ImageList 控件，添加 5 个按钮，并设置好相关属性。这样 Toolbar 控件就可以使用 ImageList 控件中的图像文件了，并显示在按钮上。关于这三个控件的具体设置方法请参考本书第 7 章所讲的内容。

　　设置完成的主窗体界面如图 14 - 4 所示。

　　当主窗体载入时，在状态栏上显示当前登录用户名。代码如下：

```
Private Sub Form_Load( )
    StatusBar1. SimpleText = " 当前管理员：" & userID        'userID 为在模块中声明的全局变量
End Sub
```

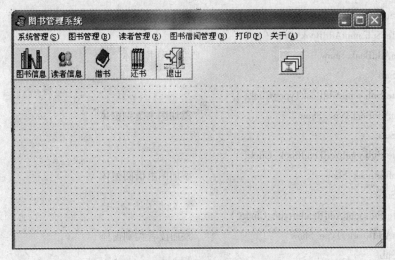

图 14 - 4　图书管理系统主窗体

当单击工具栏（Toolbar1）上的各个按钮时，触发的事件代码如下：

```
Private Sub Toolbar1_ButtonClick(ByVal Button As MSComctlLib. Button)
    Select Case Button. Index
        Case 1
            frmModifyBook. Show
        Case 2
            frmReader. Show
        Case 3
            frmfindbook. Show
        Case 4
            frmBackBook. Show
        Case 5
        Dim value As Integer
        value = MsgBox("真的要退出吗?", 36, "图书管理系统")
        If value = 6 Then End
    End Select
End Sub
```

当单击主窗体中的各个菜单项时，分别打开完成相应功能的窗体界面，代码如下：

```
Private Sub mnuAddReader_Click()
    frmAddReader. Show                    '添加读者窗体
End Sub
Private Sub mnuAbout_Click()
    frmAbout. Show                        '关于窗体
End Sub
Private Sub mnuAddAdmin_Click()
    frmadduser. Show                      '添加管理员
```

```vb
    End Sub
Private Sub mnuAddBook_Click( )
    frmAddBook. Show                    '添加图书窗体
    End Sub
Private Sub mnuAddBookType_Click( )
    frmAddBookType. Show                '添加图书类别窗体
    End Sub
Private Sub mnuAddLendBook_Click( )
    frmfindbook. Show                   '添加图书借阅窗体
    End Sub
Private Sub mnuAddReadertype_Click( )
    frmAddReaderType. Show              '添加读者类别窗体
    End Sub
Private Sub mnuBackBook_Click( )
    frmBackBook. Show                   '还书窗体
    End Sub
Private Sub mnuChangePwd_Click( )
    frmchangepwd. Show                  '改变密码窗体
    End Sub
Private Sub mnuDelbook_Click( )
    frmModifyBook. Show                 '图书信息管理窗体
    End Sub
Private Sub mnuDelBookType_Click( )
    frmModifyBookType. Show             '删除图书类别窗体
    End Sub
Private Sub mnuDelReader_Click( )
    frmReader. Show                     '读者信息管理窗体
    End Sub
Private Sub mnuDelReadertype_Click( )
    frmModifyReaderType. Show           '删除读者类别窗体
    End Sub
Private Sub mnuExit_Click( )            '退出系统
    Dim value As Integer
    value = MsgBox("真的要退出吗?", 36, "图书管理系统")
    If value = 6 Then End
    End Sub
Private Sub mnuFindbook_Click( )
    frmfindbook. Show                   '查询图书信息窗体
    End Sub
Private Sub mnuFindLendBook_Click( )
    frmFindBorrow. Show                 '添加图书借阅窗体
```

```
        End Sub
        Private Sub mnuFindReader_Click( )
            frmfindreader. Show                     '查询读者信息窗体
        End Sub
        Private Sub mnuModifyBook_Click( )
            frmModifyBook. Show                     '图书信息管理窗体
        End Sub
        Private Sub mnumodifyBookType_Click( )
            frmModifyBookType. Show                 '修改图书类别窗体
        End Sub
        Private Sub mnuModifyReader_Click( )
            frmReader. Show                         '读者信息管理窗体
        End Sub
        Private Sub mnuModifyReadertype_Click( )
            frmModifyReaderType. Show               '删除读者信息窗体
        End Sub
        Private Sub mnuPrnBook_Click( )
            DRBook. Show                            '打印图书信息
        End Sub
        Private Sub mnuPrnReader_Click( )
            DRreader. Show                          '打印读者信息
        End Sub
```

14.1.6　系统管理模块

系统管理模块包括增加用户和修改密码两个功能，对应的窗体为 frmAddUser 和 frm-ChangePwd。下面分别介绍这两个窗体的实现过程。

1. 增加用户窗体设计

设计完成的增加用户窗体如图 14 − 5 所示。

图 14 − 5　增加用户窗体

当用户单击"确定"按钮时，程序首先判断输入用户名的文本框是否为空，如果不为空，则查询输入的用户名在数据库中是否已经存在，如果已经存在，则给出用户提示，并要求用户重新输入。对于密码则要求两次输入的密码非空且保持一致。最后，在数据库中完成增加用户的操作。代码如下：

```
Private Sub Command1_Click( )
Dim sql As String
Dim rs_add As New ADODB. Recordset
If Trim(Text1. Text) = "" Then
    MsgBox "用户名不能为空", vbOKOnly + vbExclamation, ""
    Exit Sub
    Text1. SetFocus
Else
    SQL = "SELECT * FROM 系统用户"
    rs_add. Open sql, conn, adOpenKeyset, adLockPessimistic
    While (rs_add. EOF = False)
      If Trim(rs_add. Fields(0)) = Trim(Text1. Text) Then
        MsgBox "用户名已存在", vbOKOnly + vbExclamation, ""
        Text1. SetFocus
        Text1. Text = ""
        Text2. Text = ""
        Text3. Text = ""
        Exit Sub
      Else
        rs_add. MoveNext
      End If
    Wend
    If Trim(Text2. Text) < > Trim(Text3. Text) Then
      MsgBox "两次密码不一致", vbOKOnly + vbExclamation, ""
      Text2. SetFocus
      Text2. Text = ""
      Text3. Text = ""
      Exit Sub
    Else
      rs_add. AddNew
      rs_add. Fields(0) = Text1. Text
      rs_add. Fields(1) = Text2. Text
      rs_add. Update
      rs_add. Close
      MsgBox "添加用户成功", vbOKOnly + vbExclamation, ""
      Unload Me
    End If
End If
End Sub
```

2. 修改密码窗体设计

修改密码的窗体如图 14-6 所示。

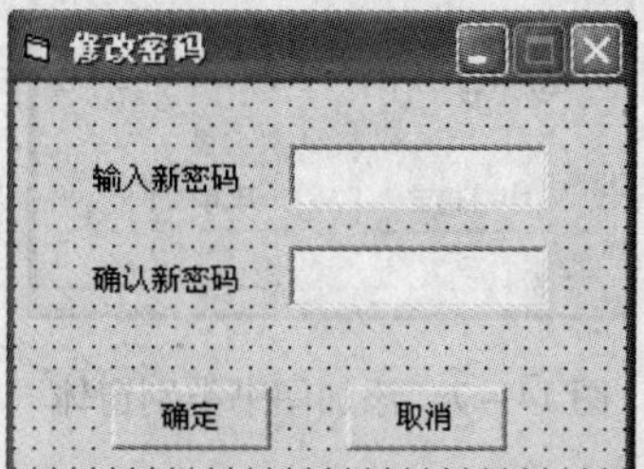

图 14-6 修改密码窗体

当用户单击"确定"按钮时，要求两次输入的密码非空且保持一致，然后完成修改当前登录用户的密码操作。代码如下：

```
Private Sub Command1_Click( )
    Dim rs_chang As New ADODB. Recordset
    Dim sql As String
    If Trim(Text1. Text) < > Trim(Text2. Text) Then
        MsgBox "密码不一致!", vbOKOnly + vbExclamation, " "
        Text1. SetFocus
        Text1. Text = " "
        Text2. Text = " "
    Else
        SQL = "SELECT * FROM 系统用户 WHERE 用户名 ='" & userID & "'"
        rs_chang. Open sql, conn, adOpenKeyset, adLockPessimistic
        rs_chang. Fields(1) = Text1. Text
        rs_chang. Update
        rs_chang. Close
        MsgBox "密码修改成功", vbOKOnly + vbExclamation, " "
        Unload Me
    End If
End Sub
```

14.1.7 图书管理模块

图书管理模块包括图书类别和图书信息的管理。下面分别介绍这两方面的内容。

1. 图书类别管理窗体设计

图书类别管理包括添加、修改和删除图书类别信息的功能。其中，添加图书类别对应的窗体名为 frmAddBookType，修改和删除图书类别的窗体名为 frmModifyBookType。

添加图书类别窗体如图 14-7 所示。

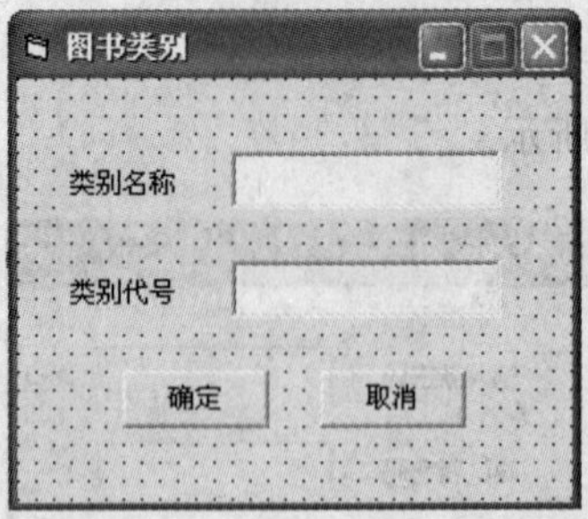

图 14 - 7　添加图书类别窗体

当用户单击"确定"按钮时，程序首先判断输入类别名称和类别代号的文本框是否为空，如果不为空，则查询输入的类别名称和类别代号在数据库中是否已经存在，如果已经存在，则给出用户提示；反之，完成添加图书类别的操作。代码如下：

```
Private Sub Command1_Click( )
Dim rs_bookstyle As New ADODB. Recordset
Dim sql As String
If Trim( Text1. Text) = " " Then
    MsgBox "图书种类不能为空", vbOKOnly + vbExclamation, " "
    Text1. SetFocus
    Exit Sub
End If
If Trim( Text2. Text) = " " Then
    MsgBox "种类编号不能为空", vbOKOnly + vbExclamation, " "
    Text2. SetFocus
    Exit Sub
End If
SQL = "SELECT * FROM 图书类别 WHERE 类别名称 ='" & Text1. Text & "'"
rs_bookstyle. Open sql, conn, adOpenKeyset, adLockPessimistic
If rs_bookstyle. EOF Then
    rs_bookstyle. AddNew
    rs_bookstyle. Fields(0) = Trim( Text1. Text)
    rs_bookstyle. Fields(1) = Trim( Text2. Text)
    rs_bookstyle. Update
    MsgBox "添加图书类别成功!", vbOKonly, " "
    rs_bookstyle. Close
Else
    MsgBox "读者类别重复!", vbOKOnly + vbExclamation, " "
    Text1. SetFocus
    Text1. Text = " "
    rs_bookstyle. Close
    Exit Sub
End If
End Sub
```

修改和删除图书类别的窗体如图 14 – 8 所示。

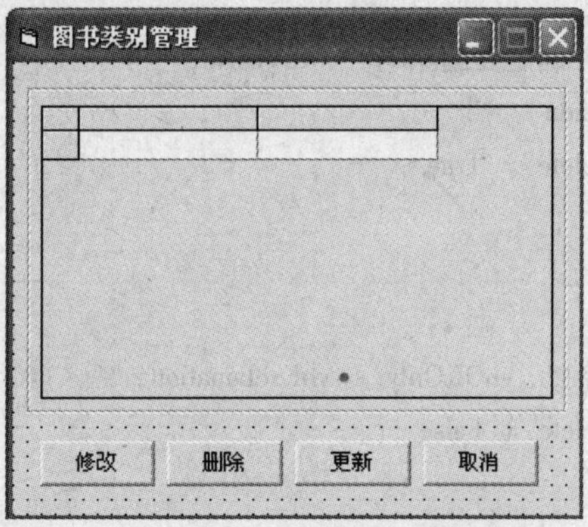

图 14 – 8 图书类别管理

本窗体载入时，在 DataGrid 控件中显示图书类别记录，并设置 DataGird 控件不可以进行增加、修改和删除操作。代码如下：

```
Private Sub Form_Load( )
    Dim sql As String
    SQL = "SELECT * FROM 图书类别"
    rsReader. CursorLocation = adUseClient
    rsReader. Open sql, conn, adOpenKeyset, adLockPessimistic   '打开数据库
    cmdupdate. Enabled = False
    '设定 datagrid 控件属性
    DataGrid1. AllowAddNew = False                              '不可增加
    DataGrid1. AllowDelete = False                             '不可删除
    DataGrid1. AllowUpdate = False                             '不可修改
    Set DataGrid1. DataSource = rsReader
End Sub
```

当用户单击"修改"按钮时，DataGrid 控件的 AllowUpdate 设置为 True，允许用户修改，将"修改"、"删除"按钮设置为不可用，同时将"更新"、"取消"按钮设置为可用。代码如下：

```
Private Sub cmdmodify_Click( )
    cmddel. Enabled = False
    cmdmodify. Enabled = False
    cmdupdate. Enabled = True
    cmdcancel. Enabled = True
    DataGrid1. AllowUpdate = True
End Sub
```

当用户单击"删除"按钮时，首先要求用户确认删除操作。然后将 DataGrid 控件的 AllowDelete 设置为 True，允许用户删除当前选中的记录。代码如下：

```
Private Sub cmddel_Click( )
    Dim answer As String
    answer = MsgBox("确定要删除吗?", vbYesNo, "")
    If answer = vbYes Then
        DataGrid1. AllowDelete = True
        rsReader. Delete
        rsReader. Update
        DataGrid1. Refresh
        MsgBox "成功删除!", vbOKOnly + vbExclamation, ""
        DataGrid1. AllowDelete = False
    Else
        Exit Sub
    End If
End Sub
```

当用户单击"更新"按钮时，对当前 DataGrid 控件中选中的记录完成更新操作用，将"修改"、"删除"按钮设置为可用，同时将"更新"、"取消"按钮设置为不可用。代码如下：

```
Private Sub cmdupdate_Click( )
    If Not IsNull(DataGrid1. Bookmark) Then
        rsReader. Update
    End If
    cmdmodify. Enabled = True
    cmddel. Enabled = True
    cmdcancel. Enabled = False
    cmdupdate. Enabled = False
    DataGrid1. AllowUpdate = False
    MsgBox "修改成功!", vbOKOnly + vbExclamation, ""
End Sub
```

当用户单击"取消"按钮时，取消用户对 DataGrid 的修改操作，设置 DataGrid 控件不能新增和修改记录，将"修改"、"删除"按钮设置为可用，同时将"更新"、"取消"按钮设置为不可用。代码如下：

```
Private Sub cmdcancel_Click( )
    rsReader. CancelUpdate
    DataGrid1. Refresh
    DataGrid1. AllowAddNew = False
    DataGrid1. AllowUpdate = False
    cmdmodify. Enabled = True
    cmddel. Enabled = True
    cmdcancel. Enabled = False
    cmdupdate. Enabled = False
End Sub
```

最后，当本窗体退出时，释放 rsReader 记录集，断开 DataGrid 控件的数据源。

```
Private Sub Form_Unload(Cancel As Integer)
    Set DataGrid1. DataSource = Nothing
    rsReader. Close
End Sub
```

2. 图书信息管理窗体设计

图书信息管理包括添加、修改、删除和查询图书信息的功能。其中，添加图书信息窗体名为 frmAddBook，图书信息管理（修改和删除）窗体名为 frmModifyBook，查询图书信息窗体名 frmFindBook。

添加图书信息窗体如图 14 – 9 所示。

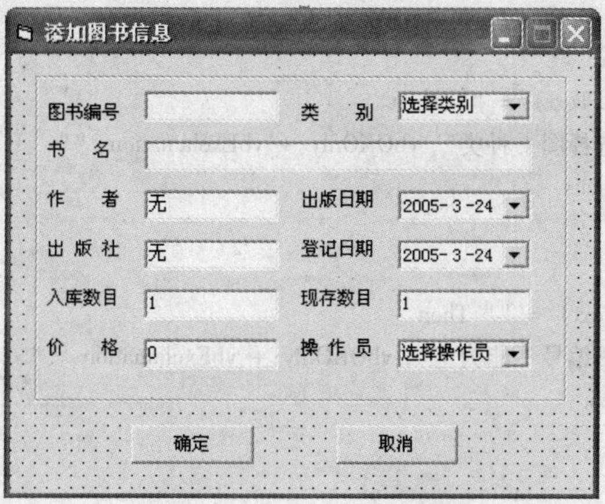

图 14 – 9　添加图书信息窗体

本窗体载入时，在 Combo1 控件中显示图书类别列表，在 Combo2 控件中显示系统中用户列表，用于添加图书信息时选取。代码如下：

```
Private Sub Form_Load()
    Dim rsType As New ADODB. Recordset
    Dim rsOpr As New ADODB. Recordset
    Dim sql As String
    Dim sql1 As String
    SQL = "SELECT * FROM 图书类别"
    SQL1 = "SELECT * FROM 系统用户"
    rsType. Open sql, conn, adOpenKeyset, adLockPessimistic
    rsType. MoveFirst
    Do While Not rsType. EOF
        Combo1. AddItem rsType. Fields(0)
        rsType. MoveNext
    Loop
    rsType. Close
    rsOpr. Open sql1, conn, adOpenKeyset, adLockPessimistic
```

```
        rsOpr. MoveFirst
        Do While Not rsOpr. EOF
            Combo2. AddItem rsOpr. Fields(0)
            rsOpr. MoveNext
        Loop
        rsOpr. Close
    End Sub
```

当用户单击"确定"按钮时，程序首先判断是否输入了图书种类、图书编号和书名。如果不为空，则查询输入的图书编号在数据库中是否已经存在，如果已经存在，则给出用户提示；反之，完成添加图书信息的操作。代码如下：

```
    Private Sub Command1_Click()
        Dim rsAddBook As New ADODB. Recordset
        Dim sql As String
        If Trim(Combo1. Text) = "" Then
            MsgBox "请选择图书种类", vbOKOnly + vbExclamation, ""
            Combo1. SetFocus
            Exit Sub
        End If
        If Trim(Text1. Text) = "" Then
            MsgBox "图书编号不能为空", vbOKOnly + vbExclamation, ""
            Text1. SetFocus
            Exit Sub
        End If
        If Trim(Text2. Text) = "" Then
            MsgBox "书名不能为空", vbOKOnly + vbExclamation, ""
            Text2. SetFocus
            Exit Sub
        End If
        SQL = "SELECT * FROM 书籍信息 WHERE 书籍编号='" & Text1. Text & "'"
        rsAddBook. Open sql, conn, adOpenKeyset, adLockPessimistic
        If rsAddBook. EOF Then
            rsAddBook. AddNew
            rsAddBook. Fields(0) = Trim(Text1. Text)          '图书编号
            rsAddBook. Fields(1) = Trim(Text2. Text)          '书名
            rsAddBook. Fields(2) = Trim(Combo1. Text)         '类别
            rsAddBook. Fields(3) = Trim(Text3. Text)          '作者
            rsAddBook. Fields(4) = Trim(Text4. Text)          '出版社
            rsAddBook. Fields(5) = Trim(DTPicker1. value)     '出版日期
            rsAddBook. Fields(6) = Trim(DTPicker2. value)     '登记日期
            rsAddBook. Fields(7) = "否"
            rsAddBook. Fields(8) = Trim(Text7. Text)          '入库数目
            rsAddBook. Fields(9) = Trim(Text8. Text)          '现存数目
            rsAddBook. Fields(10) = Trim(Text9. Text)         '价格
```

```
            rsAddBook. Fields(11) = Trim(Combo2. Text)            '操作员
        rsAddBook. Update
        MsgBox "添加书籍信息成功!", vbOKOnly, ""
        rsAddBook. Close
    Else
        MsgBox "图书编号重复!", vbOKOnly + vbExclamation, ""
        Text1. SetFocus
        Text1. Text = ""
        rsAddBook. Close
        Exit Sub
    End If
End Sub
```

图书信息管理（修改和删除）的窗体如图 14 - 10 所示。

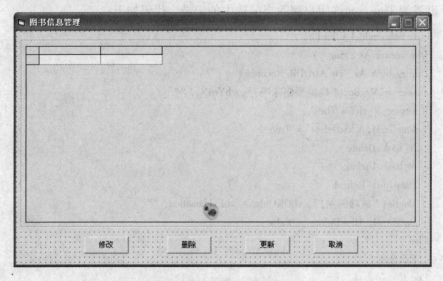

图 14 - 10 图书信息管理窗体

本窗体载入时，在 DataGrid 控件中显示图书信息记录，并设置 DataGird 控件不能增加、修改和删除。代码如下：

```
Dim rs_book As New ADODB. Recordset                    '在通用部分声明
Private Sub Form_Load()
    Dim sql As String
    sql = "select * from 书籍信息"
    rs_book. CursorLocation = adUseClient
    rs_book. Open sql, conn, adOpenKeyset, adLockPessimistic    '打开数据库
    cmdupdate. Enabled = False
    '设定 datagrid 控件属性
    DataGrid1. AllowAddNew = False                    '不可增加
    DataGrid1. AllowDelete = False                    '不可删除
    DataGrid1. AllowUpdate = False                    '不可修改
```

```
    Set DataGrid1. DataSource = rs_book
End Sub
```

当用户单击"修改"按钮时，DataGrid 控件的 AllowUpdate 设置为 True，允许用户修改，将"修改"、"删除"按钮设置为不可用，同时将"更新"、"取消"按钮设置为可用。代码如下：

```
Private Sub cmdmodify_Click( )
    cmddel. Enabled = False
    cmdmodify. Enabled = False
    cmdupdate. Enabled = True
    cmdcancel. Enabled = True
    DataGrid1. AllowUpdate = True
End Sub
```

当用户单击"删除"按钮时，首先要求用户确认删除操作，然后将 DataGrid 控件的 AllowDelete 设置为 True，允许用户删除当前选中的记录。代码如下：

```
Private Sub cmddel_Click( )
    Dim answer As String
    Dim rs_book As New ADODB. Recordset
    answer = MsgBox("确定要删除吗?", vbYesNo, "")
    If answer = vbYes Then
        DataGrid1. AllowDelete = True
        rs_book. Delete
        rs_book. Update
        DataGrid1. Refresh
        MsgBox "成功删除!", vbOKOnly + vbExclamation, ""
        DataGrid1. AllowDelete = False
    Else
        Exit Sub
    End If
End Sub
```

当用户单击"更新"按钮时，对当前 DataGrid 控件中选中的记录完成更新操作用，将"修改"、"删除"按钮设置为可用，同时将"更新"、"取消"按钮设置为不可用。代码如下：

```
Private Sub cmdupdate_Click( )
    If Not IsNull(DataGrid1. Bookmark) Then
        rs_book. Update
    End If
    cmdmodify. Enabled = True
    cmddel. Enabled = True
    cmdcancel. Enabled = False
    cmdupdate. Enabled = False
    DataGrid1. AllowUpdate = False
    MsgBox "修改成功!", vbOKOnly + vbExclamation, ""
End Sub
```

当用户单击"取消"按钮时，取消用户对 DataGrid 的修改操作，设置 DataGrid 控件不能新增和修改记录，将"修改"、"删除"按钮设置为可用，同时将"更新"、"取消"按钮设置为不可用。代码如下：

```
Private Sub cmdcancel_Click()
    Dim rs_book As New ADODB. Recordset
    rs_book. CancelUpdate
    DataGrid1. Refresh
    DataGrid1. AllowAddNew = False
    DataGrid1. AllowUpdate = False
    cmdmodify. Enabled = True
    cmddel. Enabled = True
    cmdcancel. Enabled = False
    cmdupdate. Enabled = False
End Sub
```

最后，当本窗体退出时，关闭 rs_ book 记录集，断开 DataGrid 控件的数据源。

```
Private Sub Form_Unload(Cancel As Integer)
    Set DataGrid1. DataSource = Nothing
    rs_book. Close
End Sub
```

3. 查询图书信息窗体设计

查询图书信息的窗体如图 14 – 11 所示。

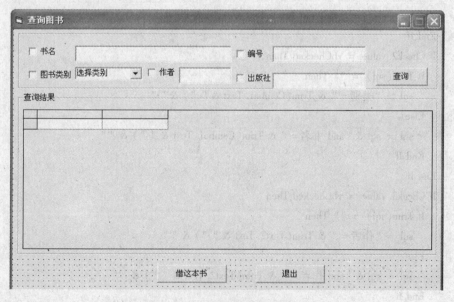

图 14 – 11　查询图书信息窗体

本窗体载入时，在 Combo1 控件中显示图书类别信息。代码如下：

```
Option Explicit
Dim kc As Integer                    '库存
Private Sub Form_Load( )
    Dim rs_find As New ADODB. Recordset
    Dim sql As String
    SQL = "SELECT * FROM 图书类别"
    rs_find. Open sql, conn, adOpenKeyset, adLockPessimistic
    rs_find. MoveFirst
    If Not rs_find. EOF Then
        Do While Not rs_find. EOF
            Combo1. AddItem rs_find. Fields(0)
            rs_find. MoveNext
        Loop
        Combo1. ListIndex = 0
    End If
    rs_find. Close
End Sub
```

当单击"查询"按钮时，先根据查询条件的不同组合，形成 SQL 查询语句。代码如下：

```
Private Sub Command1_Click( )                    '查询图书
    Dim rsFindBook As New ADODB. Recordset
    Dim sql As String
    If Check1. value = vbChecked Then
        sql = "书名 ='" & Trim(Text1. Text & " ") & "'"
    End If
    If Check2. value = vbChecked Then
        If Trim(sql) = " " Then
            sql = "类别 ='" & Trim(Combo1. Text & " ") & "'"
        Else
            sql = sql & " and 书名 ='" & Trim(Combo1. Text & " ") & "'"
        End If
    End If
    If Check3. value = vbChecked Then
        If Trim(sql) = " " Then
            sql = "作者 ='" & Trim(Text2. Text & " ") & "'"
        Else
            sql = sql & " and 作者 ='" & Trim(Text2. Text & " ") & "'"
        End If
    End If
    If Check4. value = vbChecked Then
        If Trim(sql) = " " Then
```

```
        sql = "出版社 ='" & Trim(Text3. Text & " ") & "'"
      Else
        sql = sql & "and 出版社 ='" & Trim(Text3. Text & " ") & "'"
      End If
    End If
    If Check5. value = vbChecked Then
      If Trim(sql) = "" Then
        sql = "书籍编号 ='" & Trim(Text4. Text & " ") & "'"
      Else
        sql = sql & "and 书籍编号 ='" & Trim(Text4. Text & " ") & "'"
      End If
    End If
    If Trim(sql) = "" Then
      MsgBox "请选择查询方式!", vbOKOnly + vbExclamation
      Exit Sub
    End If
    SQL = "SELECT * FROM 书籍信息 WHERE " & SQL
    rsFindBook. CursorLocation = adUseClient
    rsFindBook. Open sql, conn, adOpenKeyset, adLockPessimistic
    DataGrid1. AllowAddNew = False
    DataGrid1. AllowDelete = False
    DataGrid1. AllowUpdate = False
    Set DataGrid1. DataSource = rsFindBook
  End Sub
```

为了获取当前选中图书的编号，需在 DataGrid1 控件的 RowColChange 事件中为全局变量 book_ num 赋值，代码如下：

```
  Private Sub DataGrid1_RowColChange(LastRow As Variant, ByVal LastCol As Integer)
    book_num = DataGrid1. Columns(0). CellValue(DataGrid1. Bookmark)
  End Sub
```

当单击"借这本书"按钮时，先判断是否选中图书，以及选中图书的库存量是否大于 0，然后调用借阅图书窗体 frmborrowbook。其实现代码如下：

```
  Private Sub Command3_Click()      '借这本书
    DataGrid1. AllowAddNew = False
    DataGrid1. AllowDelete = False
    DataGrid1. AllowUpdate = False
    DataGrid1. Refresh
    kc = DataGrid1. Columns(9). CellValue(DataGrid1. Bookmark)
    If Trim(book_num) = "" Then
      MsgBox "请选择要借阅的图书!", vbOKOnly + vbExclamation
      Exit Sub
    End If
```

```
    If kc < 1 Then
        MsgBox "警告:此书已被借完!", vbOKOnly + vbExclamation
        Exit Sub
    End If
    frmborrowbook. Show
    Unload Me
End Sub
```

14.1.8　读者管理模块

　　读者管理模块包括读者类别和读者信息的管理。其中读者类别管理包括添加、修改和删除读者类别的功能。其中，添加读者类别对应的窗体名为 frmAddReaderType，读者类别管理（修改和删除）的窗体名为 frmModifyReaderType。

　　添加读者类别窗体如图 14-12 所示。由于其实现代码类似于添加图书类别窗体 frmAdd-BookType 的实现代码。因篇幅原因，这里不再列出。

图 14-12　添加读者类别窗体

　　读者类别管理窗体如图 14-13 所示。由于其实现代码类似于图书类别管理窗体 frmMod-ifyBookType 的实现代码。因篇幅原因，这里不再列出。

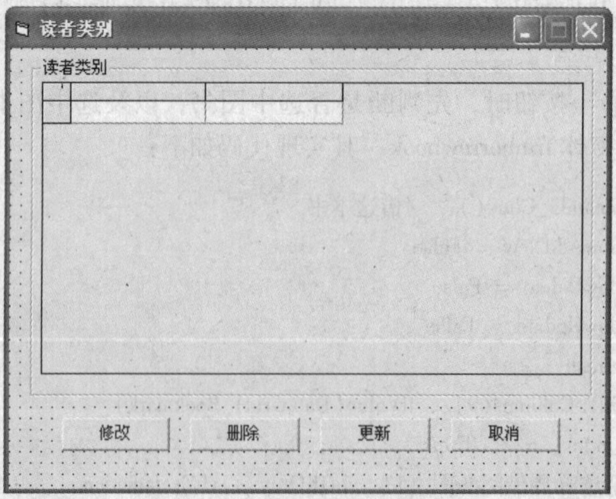

图 14-13　读者类别管理窗体

读者信息的管理包括添加、修改、删除和查询读者信息的功能。其中，添加读者信息对应的窗体名为 frmAddReader，读者信息管理（修改和删除）的窗体名为 frmReader，查询读者信息的窗体名 frmFindReader。

添加读者信息窗体如图 14 – 14 所示。由于其实现代码类似于添加图书信息窗体 frmAdd-Book 的实现代码。因篇幅原因，这里不再列出。

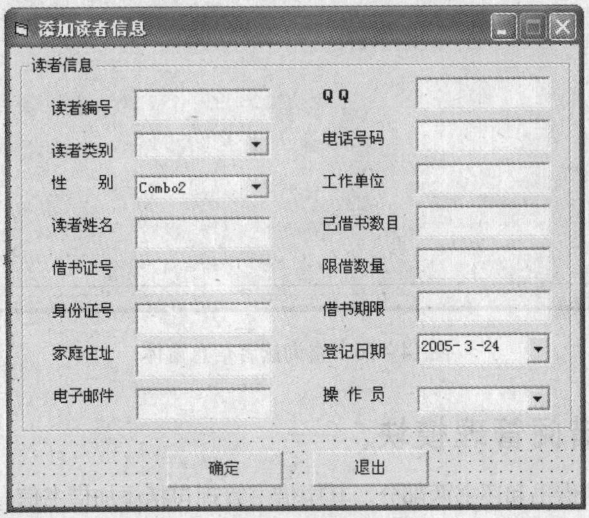

图 14 – 14 添加读者信息窗体

读者信息管理窗体如图 14 – 15 所示。由于其实现代码类似于图书信息管理窗体 frmMod-ifyBook 的实现代码。因篇幅原因，这里不再列出。

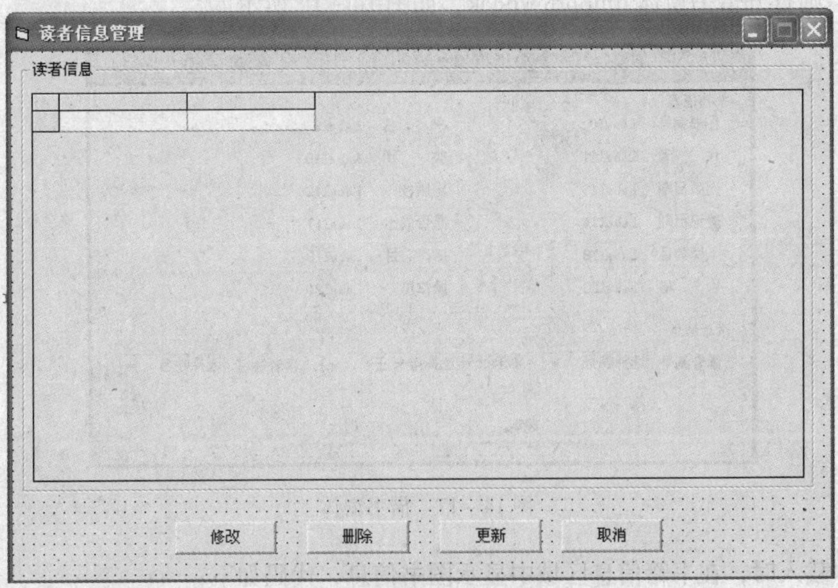

图 14 – 15 读者信息管理窗体

查询读者信息窗体如图 14 – 16 所示。由于其实现代码类似于查询图书信息窗体 frm-FindBook 的实现代码。因篇幅原因，这里不再列出。

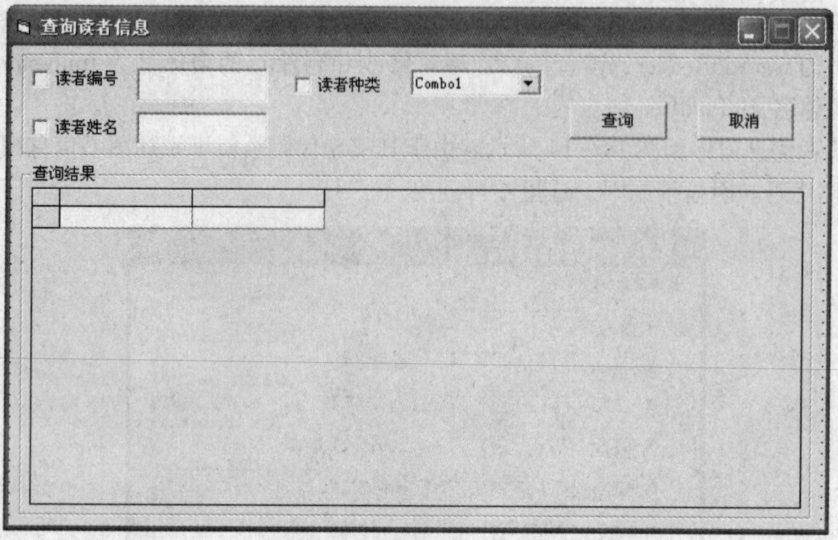

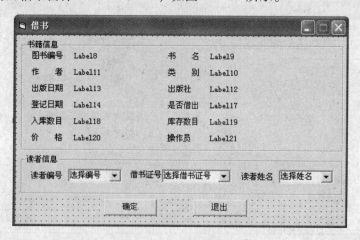

图 14 - 16   查询读者信息窗体

14.1.9   图书借阅管理模块

读者管理模块包括借书和还书两部分。其中借书管理包括添加借书信息和查询借书信息。

1. 借书窗体设计

在主界面菜单中选择"添加借书信息"菜单项后，系统先打开"查询图书信息"窗体 frmFindBook，当用户选择所借阅图书的记录后，单击"查询图书信息"窗体中的"借这本书"按钮，则打开借书窗体 frmBorrowBook，如图 14 - 17 所示。

图 14 - 17   借书窗体

本窗体载入时，在书籍信息区域中显示图书信息，代码如下：

```
Option Explicit
Dim leibie As String                    '该读者的类别
Dim qixian As Integer                   '该读者可以借书的期限
```

```
Dim shumu As Integer                              '该读者已借书数量
Dim maxnum As Integer                             '该读者借书数量的限制


Private Sub Form_Load( )
    Dim rs_borrow As New ADODB. Recordset
    Dim rs_reader As New ADODB. Recordset
    Dim sql As String
    SQL = "SELECT * FROM 书籍信息 WHERE 书籍编号 ='" & book_num & "'"
    rs_borrow. Open sql, conn, adOpenKeyset, adLockPessimistic
    Label8. Caption = rs_borrow. Fields(0)
    Label9. Caption = rs_borrow. Fields(1)
    Label10. Caption = rs_borrow. Fields(2)
    Label11. Caption = rs_borrow. Fields(3)
    Label12. Caption = rs_borrow. Fields(4)
    Label13. Caption = rs_borrow. Fields(5)
    Label14. Caption = rs_borrow. Fields(6)
    Label17. Caption = rs_borrow. Fields(7)          '是否借出
    Label18. Caption = rs_borrow. Fields(8)          '入库数目
    Label19. Caption = rs_borrow. Fields(9)          '出库数目
    Label20. Caption = rs_borrow. Fields(10)
    Label21. Caption = rs_borrow. Fields(11)
    sql = "select * from 读者信息"
    rs_reader. Open sql, conn, adOpenKeyset, adLockPessimistic
    If Not rs_reader. EOF Then
        Do While Not rs_reader. EOF
            Combo1. AddItem rs_reader. Fields(1)
            Combo2. AddItem rs_reader. Fields(0)
            Combo3. AddItem rs_reader. Fields(9)
            rs_reader. MoveNext
        Loop
    Else
        MsgBox "请先登记读者!", vbOKOnly + vbExclamation
        Exit Sub
    End If
    rs_borrow. Close
    rs_reader. Close
End Sub
```

在用户确认所借图书信息后，可以在下面的读者信息区域中选择读者，这里提供了读者编号、借书证号或读者姓名三种选择方式，代码如下：

```
Private Sub Combo1_Click( )
```

```
        Combo2. ListIndex  =  Combo1. ListIndex
        Combo3. ListIndex  =  Combo1. ListIndex
    End Sub

    Private Sub Combo2_Click( )
        Combo1. ListIndex  =  Combo2. ListIndex
        Combo3. ListIndex  =  Combo2. ListIndex
    End Sub

    Private Sub Combo3_click( )
        Combo1. ListIndex  =  Combo3. ListIndex
        Combo2. ListIndex  =  Combo3. ListIndex
    End Sub
```

单击"确定"按钮，首先获取选中读者的当前已借书的数量、限借数量、限借期限和借书证号。接着查询此读者的所有借阅信息，如果该读者存在所借的书超过归还期限，则应先进行还书操作才能办理借书。同时，还要检查该读者借书数额是否已满。最后，在数据库中添加借阅信息。代码如下：

```
    Private Sub Command1_Click( )
        Dim rs_borrowbook As New ADODB. Recordset
        Dim jszh As String                              '借书证号
        Dim hsrq As String                              '归还日期
        Dim rq As String                                '当前日期
        Dim ts As Integer                               '计算归还日期天数
        SQL  =  "SELECT  ∗  FROM 读者信息 WHERE 读者编号 ='"  &  Combo2. Text  &  "'"
        rs_borrowbook. Open sql, conn, adOpenKeyset, adLockPessimistic
        shumu  =  rs_borrowbook. Fields(8)              '选中用户当前已借书的数量
        maxnum  =  rs_borrowbook. Fields(13)            '选中用户限借数量
        qixian  =  rs_borrowbook. Fields(15)            '选中用户的限借期限
        jszh  =  rs_borrowbook. Fields(9)               '选中用户的借书证号
        rs_borrowbook. Close

        rq  =  Date
        SQL  =  "SELECT  ∗  FROM 借阅信息 WHERE 读者编号 ='"  &  Combo2. Text  &  "'"
                                                        '查询此读者所有借阅信息
        rs_borrowbook. Open sql, conn, adOpenKeyset, adLockPessimistic

        If Not rs_borrowbook. EOF Then
        ts  =  Int( DateDiff( "d" , DateValue( rq) , rs_borrowbook. Fields(6) ) )
        If rs_borrowbook. Fields(8)  =  False Then      '如果没有归还
            If ts  <  0 Then
                MsgBox"亲爱的读者,你借的书已超过归还期限,请先还书才能借书!",vbOKOnly + vbExclamation
```

```
        Exit Sub
    Else
        rs_borrowbook. MoveNext
    End If
End If
End If
rs_borrowbook. Close
If shumu > = maxnum Then
    MsgBox "该读者借书数额已满!", vbOKOnly + vbExclamation
    Exit Sub
End If
SQL = "SELECT * FROM 借阅信息"
rs_borrowbook. Open sql, conn, adOpenKeyset, adLockPessimistic
rs_borrowbook. AddNew
rs_borrowbook. Fields(1) = Combo2. Text
rs_borrowbook. Fields(2) = Combo1. Text
rs_borrowbook. Fields(3) = Label8. Caption
rs_borrowbook. Fields(4) = Label9. Caption
rs_borrowbook. Fields(5) = Date
rs_borrowbook. Fields(6) = DateAdd("Ww", qixian, Date)      '添加应归还日期,以周为单位
rs_borrowbook. Fields(7) = jszh                            '添加借书证号
rs_borrowbook. Update
rs_borrowbook. Close

SQL = "SELECT * FROM 书籍信息 WHERE 书籍编号 ='" & book_num & "'"
rs_borrowbook. Open sql, conn, adOpenKeyset, adLockPessimistic
rs_borrowbook. Fields(7) = "是"
rs_borrowbook. Fields(9) = rs_borrowbook. Fields(9) – 1
rs_borrowbook. Update
rs_borrowbook. Close
SQL = "SELECT * FROM 读者信息 WHERE 读者编号 ='" & Combo2. Text & "'"
rs_borrowbook. Open sql, conn, adOpenKeyset, adLockPessimistic
rs_borrowbook. Fields(8) = rs_borrowbook. Fields(8) + 1
rs_borrowbook. Update
rs_borrowbook. Close

MsgBox "本书借阅成功!", vbOKOnly + vbExclamation
Unload Me
End Sub
```

2.　查询借书窗体设计

查询借书信息窗体为 frmFindBorrow。其窗体如图 14 – 18 所示。

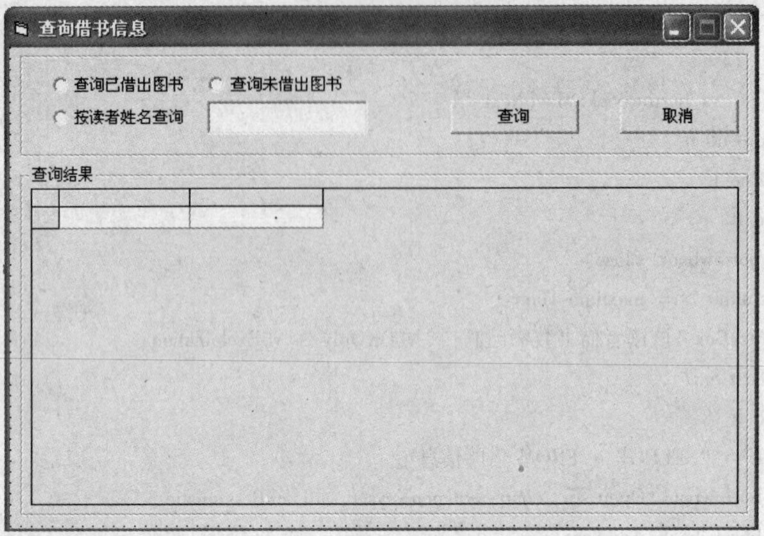

图 14 - 18　查询借书信息窗体

在用户单击"查询"后，可以分别以"已借出图书"、"未借出图书"和读者姓名三种选择方式进行查询，代码如下：

```
Private Sub Command1_Click()
Dim sql As String
Dim rs_find As New ADODB. Recordset
  If Option1. value = True Then
    SQL = "SELECT * FROM 书籍信息 WHERE 是否被借出 ='是'"
  End If
  If Option2. value = True Then
    SQL = "SELECT * FROM 书籍信息 WHERE 是否被借出 ='否'"
  End If
  If Option3. value = True Then
    SQL = "SELECT * FROM 借阅信息 WHERE 读者姓名 ='" & Text1. Text & "'"
  End If
  rs_find. CursorLocation = adUseClient
  rs_find. Open sql, conn, adOpenKeyset, adLockPessimistic
  DataGrid1. AllowAddNew = False
  DataGrid1. AllowDelete = False
  DataGrid1. AllowUpdate = False
  Set DataGrid1. DataSource = rs_find
End Sub
```

3. 还书窗体设计

程序执行时在主界面菜单中选择"还书"菜单项后，可以打开"还书"窗体 frmBack-Book，还书窗体设计如图 14 - 19 所示。

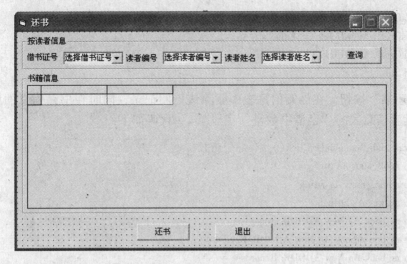

图 14 - 19 还书窗体

在窗体载入时，首先从借阅信息表中查询得到借书证号、读者编号和读者姓名信息，分别显示在 3 个 Combobox 控件中，代码如下：

```
Private Sub Form_Load( )
Dim rs_reader As New ADODB. Recordset
Dim sql As String
SQL = "SELECT * FROM 借阅信息"
rs_reader. CursorLocation = adUseClient
rs_reader. Open sql, conn, adOpenKeyset, adLockPessimistic
If Not rs_reader. EOF Then
   Do While Not rs_reader. EOF
      Combo1. AddItem rs_reader. Fields(1)       '借书证号
      Combo2. AddItem rs_reader. Fields(2)       '读者编号
      Combo5. AddItem rs_reader. Fields(7)       '读者姓名
      rs_reader. MoveNext
   Loop
End If
rs_reader. Close
End Sub
```

单击"查询"按钮，获取选中读者的所有借阅信息，显示在 DataGrid 控件中，代码如下：

```
Private Sub Command1_Click( )              '查询
Dim rs_reader As New ADODB. Recordset
Dim sql As String
findform = True
SQL = "SELECT * FROM 借阅信息 WHERE 读者姓名='" & Combo2. Text & "'"
rs_reader. CursorLocation = adUseClient
rs_reader. Open sql, conn, adOpenKeyset, adLockPessimistic
Set DataGrid1. DataSource = rs_reader
```

```
    DataGrid1. AllowAddNew = False
    DataGrid1. AllowDelete = False
    DataGrid1. AllowUpdate = False
    End Sub
```

单击"还书"按钮，在借阅信息表中删除该借阅记录，同时在书籍信息的库存字段加 1，以及在读者信息表的"已借书数量"字段减 1，代码如下：

```
    Private Sub Command3_Click( )              '还书
    Dim book_num As String
    Dim reader_num As String
    Dim answer As String
    Dim rs_back As New ADODB. Recordset
    Dim rs_borrowbook As New ADODB. Recordset
    Dim rs_book As New ADODB. Recordset
    Dim rs_fk As New ADODB. Recordset
    Dim sql As String, rq As String, hsrq As String
    Dim sj As Long                             '书的价格
    Dim sql1 As String, sql2 As String
    Dim ts As Integer, sm As String
    Dim readname As String

    book_num = DataGrid1. Columns(3). CellValue( DataGrid1. Bookmark)
    reader_num = DataGrid1. Columns(1). CellValue( DataGrid1. Bookmark)
    readname = Trim( Combo2. Text)
    answer = MsgBox("确定要还这本书吗?", vbYesNo, "")
    If answer = vbYes Then
      SQL = "SELECT * FROM 借阅信息 WHERE 书籍编号 ='" & book_num & "'"
      rs_back. CursorLocation = adUseClient
      rs_back. Open sql, conn, adOpenKeyset, adLockPessimistic
      rs_back. Delete
      rs_back. Update
      rs_back. Close
      SQL = "SELECT * FROM 书籍信息 WHERE 书籍编号 ='" & book_num & "'"
      rs_back. CursorLocation = adUseClient
      rs_back. Open sql, conn, adOpenKeyset, adLockPessimistic
      rs_back. Fields(9) = rs_back. Fields(9) + 1
      rs_back. Update
      rs_back. Close
      SQL = "SELECT * FROM 读者信息 WHERE 读者编号 ='" & reader_num & "'"
      rs_back. CursorLocation = adUseClient
      rs_back. Open sql, conn, adOpenKeyset, adLockPessimistic
      rs_back. Fields(8) = rs_back. Fields(8) - 1
      rs_back. Update
        rs_back. Close
        If findform = True Then
```

```
          Command1_Click
        End If
      MsgBox "成功删除!", vbOKOnly + vbExclamation, ""
      DataGrid1. AllowDelete = False
   Else
      Exit Sub
   End If
   End Sub
```

14.1.10 打印模块

打印模块包括图书信息打印和读者信息打印两部分。使用了 Data Environment（数据环境）设计器提供数据源，使用 Data Report（数据报表）设计器来设计报表。其中图书信息报表名为 DRBook，读者信息报表名为 DRReader。这两个报表实现方法相似，下面主要介绍图书信息报表的实现。

1. 图书信息报表设计

在"工程"菜单中选择"添加 Data Enviroment"选项，将数据环境设计器添加到当前工程中，命名为 DEBook。在数据环境设计器中，右键单击"Connection1"，在弹出的快捷菜单中选择"属性"选项，则会显示"数据链接属性"对话框，设置 Connection1 名称为"conn"，链接到 Book. MDB 数据库。这里的设置方法与本书第 8 章的设置方法一样。

接下来，继续右键单击"Connetion1"，在弹出的快捷菜单中选择"添加命令"选项，则在"Connetion1"下面出现一个名为"Command1"的命令，命名为 CmdBook。选中"Command1"右键单击，在弹出的快捷菜单中选择"属性"选项，打开"cmdbook 属性"对话框。设置好的"cmdbook 属性"对话框如图 14 - 20 所示。

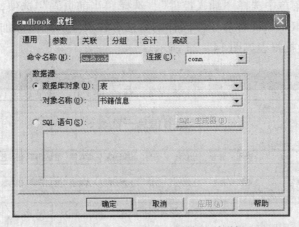

图 14 - 20　"cmdbook 属性"对话框

这里，在"数据源"区域中的"数据库对象"列表中选择"表"，在"对象名称"中选择"书籍信息"表。

此时，展开 cmdBook 命令，可以看到书籍信息表中的字段列表，如图 14 - 21 所示。

要在程序中实现数据报表功能，需在"工程"菜单中选择"添加 DataReport"选项，将数据报表设计器添加到当前工程中，命名为 DRBook。数据报表设计器如图 14 - 22 所示。

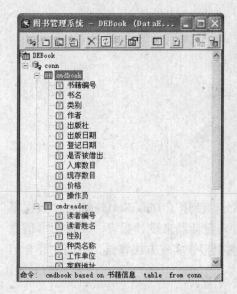

图 14 – 21　cmdBook 命令中的字段列表

图 14 – 22　数据报表设计器

设置 DRBook 的 DataSource 属性为数据环境 DEBook，DataMember 属性为 cmdBook（包含在数据环境 DEBook 中），这样就将 DRBook 和 DEBook 联系起来。

接着设置数据报表中要显示的字段，可以从 DEBook 的 cmdBook 对象中的字段列表中拖放到细节区来实现。当字段被拖放到细节区时，每一个字段都会同时出现一个 RptLabel 控件显示字段标题和一个 RptTextBox 显示字段内容，将 RptLabel 控件拖到上面的页标头区。在页标头区设置报表名"图书信息一览表"，位置居中。

在页注脚区中，添加当前页和总页数。选中数据报表中的页注脚区（Sections），右键单击后，在弹出的快捷菜单中选择"插入控件"，选择"当前页码"选项，这样就添加了一个用来显示当前页码的 RptLabel 标签了。同样的方法，在页注脚区内添加"总页数"、"当前日期"。设置完成的数据报表如图 14 – 23 所示。

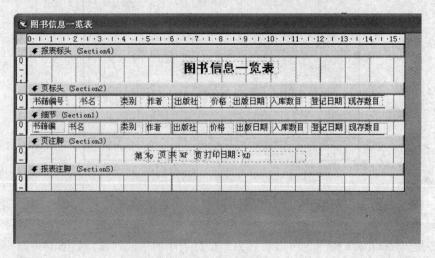

图 14 – 23　DRBook 数据报表

2. 读者信息报表设计

读者信息报表名为 DRReader，设置方法与 DRBook 基本相同。设置完成的读者信息报表如图 14 - 24 所示。

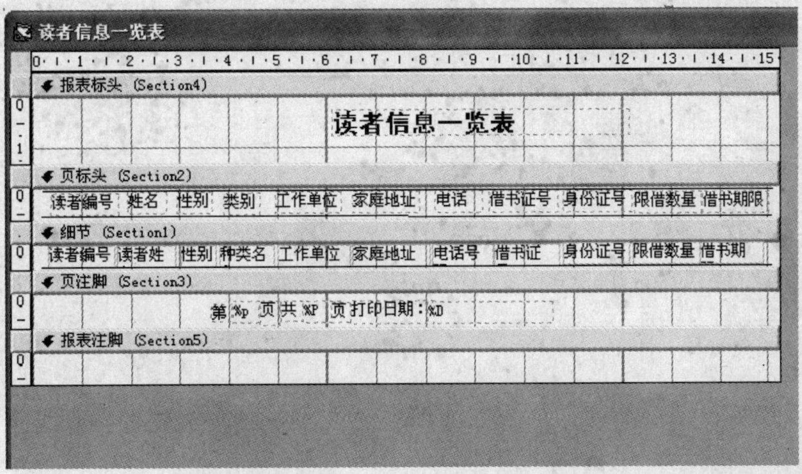

图 14 - 24　DRReader 数据报表

在图书管理系统主界面的"打印"菜单下选择"打印图书信息"子菜单，打开 DRBook 数据报表，代码如下：

```
Private Sub mnuPrnBook_Click( )
    DRBook. Show            '打印图书信息
End Sub
```

同样，在"打印"菜单下选择"打印读者信息"子菜单，打开 DRReader 数据报表，代码如下：

```
Private Sub mnuPrnReader_Click( )
    DRreader. Show          '打印读者信息
End Sub
```

14.1.11　系统的编译和发行

在 VB 6.0 程序的"文件"菜单中，选择"生成 book. exe"菜单项，在打开的"生成工程"对话框中输入文件名，则工程就将编译成可脱离 VB 6.0 开发环境的".EXE"可执行文件。将 Book. EXE 文件和 book. MDB 复制到其他计算机上的同一文件夹目录下，就可以直接执行了。当然也可以通过 VB 6.0 自带的打包和展开向导工具或者专门的安装打包工具进行发布。